ÉLÉMENTS

DE

GÉOMÉTRIE APPLIQUÉE

A LA

TRANSFORMATION DU MOUVEMENT

DANS LES MACHINES

Par Ch. GIRAULT

ANCIEN ÉLÈVE DE L'ÉCOLE NORMALE

PROFESSEUR A LA FACULTÉ DES SCIENCES DE CAEN

CAEN

IMPRIMERIE DE A. HARDEL, RUE FROIDE, 2

PARIS

MALLET-BACHELIER || LEIBER, HURIEZ ET COMMELIN

Quai des Grands-Augustins || Rue de Seine, 13

1858

ÉLÉMENTS

DE

GÉOMÉTRIE APPLIQUÉE

A LA

TRANSFORMATION DU MOUVEMENT

DANS LES MACHINES

ERRATA.

Texte.

Page 42, ligue 19, *au lieu de* : de AA^l et BB^l, *lisez* : de AA' à BB'.

— 66, — 13, *au lieu de* : EB, *lisez* : GH.

— 128, — 27 et 30, *au lieu de* : en roulant, *lisez* : roulant.

— 279, — 18, *au lieu de* : $\dfrac{F_oF}{J_oj}$, *lisez* : $\dfrac{F_of}{J_oj}$.

Figures.

Page 124, figure 73. Le point u doit être sur ux, comme le point u^l sur le prolongement de $u'x'$.

— 143, — 83. La droite *id* doit être normale à la courbe au point *i*.

— 261, — 156. *Supprimez* la droite a et *tracez* la droite ca.

ÉLÉMENTS

DE

GÉOMÉTRIE APPLIQUÉE

A LA

TRANSFORMATION DU MOUVEMENT

DANS LES MACHINES

Par Ch. GIRAULT

ANCIEN ÉLÈVE DE L'ÉCOLE NORMALE

PROFESSEUR A LA FACULTÉ DES SCIENCES DE CAEN

CAEN

IMPRIMERIE DE A. HARDEL, RUE FROIDE, 2

1858

PRÉFACE.

La Théorie des Mécanismes n'a été jusqu'à présent l'objet que d'un petit nombre de traités, écrits à des points de vue divers, et auprès desquels il nous a semblé qu'il y a place encore pour celui que nous publions aujourd'hui.

Faire connaître dans ses principes généraux et dans ses premières applications cette branche importante de la Mécanique rationnelle, en la réduisant aux Transformations du mouvement rectiligne et du mouvement circulaire ; rendre son étude accessible à tout lecteur initié déjà aux premières spéculations de la géométric et familier avec les notations et les procédés les plus vulgaires du calcul algébrique ; essayer enfin d'introduire sous une forme élémentaire, dans la recherche des propriétés de la Transmission du mouve-

ment, la considération si féconde des grandeurs dites *infiniment petites* ou *insensibles :*
tel est le but que nous nous sommes proposé
en écrivant ce livre.

D'ailleurs, nous le présentons ici moins
comme une œuvre originale que comme une
œuvre d'enseignement. Nous avons en effet,
avant de l'entreprendre, consulté les travaux
des Maîtres de la Science ; et, leur deman-
dant nos premiers matériaux pour les disposer
et pour les exposer à notre manière, nous
nous sommes approprié chez eux tout ce qui
trouvait naturellement place dans le cadre
que nous nous étions tracé. Des lacunes sub-
sistaient encore ; nous avons essayé de les
combler en y introduisant pour notre part
quelques théorêmes , qui , sans mériter de
mention particulière, contribueront peut-être
à donner plus d'ensemble à la théorie des
transformations entre mouvements rectilignes
ou circulaires.

Le petit nombre de points que nous avons
abordés , les développements dans lesquels
nous sommes entré pour chacun d'eux , nous
font espérer de satisfaire le lecteur curieux
qui, ne recherchant dans la science qu'une

distraction à d'autres travaux, aurait seulement en vue d'acquérir quelques notions exactes sur les propriétés géométriques de la transmission du mouvement. Quant à ceux qui, poursuivant un but plus précis et plus éloigné, aspireraient à connaître la Mécanique dans son ensemble, nous ne leur offrons ici qu'un simple préliminaire, et nous souhaitons qu'ils y trouvent un encouragement à de nouvelles et à de plus profondes études.

Ajoutons, enfin, que la plupart des questions que nous avons traitées figurent plus ou moins explicitement parmi les matières introduites depuis peu d'années dans le programme de la Licence ès Sciences Mathématiques. Aussi, les candidats qui poursuivent ce grade trouveront-ils quelque profit peut-être à consulter ces Éléments. S'ils le faisaient d'ailleurs, nous les engagerions à ne pas craindre de se montrer plus exigeants que nous, toutes les fois que, rencontrant des démonstrations où se trouvent supprimées, échangées ou réduites des grandeurs insensibles, ils jugeront que nous avons plutôt recherché la simplicité et invoqué l'évidence, qu'évité les objections qui pourraient s'offrir

aux esprits les plus scrupuleux. En ayant re-
cours à la considération des limites et en s'ai-
dant au besoin de quelques formules d'analyse,
ils sauront, nous n'en doutons pas, suppléer
à des développements que nous avons omis à
dessein, et saisiront ainsi l'occasion d'appliquer des méthodes que l'étude du calcul infini-
tésimal ne leur permet point d'ignorer.

TABLE DES MATIÈRES.

CHAPITRE II.

LIVRE II.

TRANSFORMATIONS ENTRE MOUVEMENTS CIRCULAIRES.

CHAPITRE Ier.

CHAPITRE II.

CHAPITRE III.

—

LIVRE III.

TRANSFORMATIONS ENTRE MOUVEMENTS RECTILIGNES ET MOUVEMENTS

CIRCULAIRES.

CHAPITRE Ier.

CHAPITRE II.

CHAPITRE III.

FIN DE LA TABLE.

INTRODUCTION.

Dans l'industrie ou dans les arts, le but de toute opération mécanique est d'imprimer certains mouvements déterminés à des assemblages donnés de points matériels.

Pour produire un mouvement, il faut une force motrice, un *moteur*. Les moteurs employés le plus généralement sont : la force musculaire de l'homme et celle des animaux ; l'action de la pesanteur ; la vitesse acquise, c'est-à-dire la réaction des corps dont on retarde le mouvement ; enfin, la force d'expansion de la vapeur d'eau, quand on élève sa température.

Toutefois, il est un grand nombre d'effets mécaniques qui ne peuvent être réalisés par l'action directe de ces moteurs, ou qui ne le sont alors que dans des conditions peu favorables. Aussi, pour obtenir ces effets, applique-t-on, le plus souvent, les moteurs dont on dispose, à des corps intermédiaires qui portent le nom de *machines;* et, ces machines, on les fait agir à leur tour sur les corps que l'on veut déplacer ou déformer, ou sur les particules des corps, quand il s'agit d'une division des parties.

Pour étudier l'effet produit par une machine, il importe de considérer deux éléments, à savoir : d'une part, la nature de la machine en elle-même ; de l'autre, les forces auxquelles la machine est soumise, et parmi lesquelles nous mentionnerons seulement la force motrice ou la *puissance,* et la force développée par l'obstacle à vaincre ou la *résistance.* Pour abréger le langage, nous appellerons A et B les deux points de la machine dans lesquels nous supposerons la puissance et la résistance appliquées respectivement.

Ainsi, dans le cas du treuil des puits, A sera le point de la manivelle où s'applique la main de l'homme ; et B, l'extrémité de la corde, à laquelle est suspendu le fardeau.

Une machine satisfait généralement aux deux conditions suivantes : 1°. il n'est, pour chacun de ses points, qu'un seul chemin possible dans l'espace ; 2°. le déplacement de l'un de ses points entraîne nécessairement le déplacement de tous

les autres, et les amène à des positions qui dépendent de la position prise par le premier. On
exprime ces conditions, en disant que les *liaisons*
sont *complètes* dans la machine.

C'est ainsi que, pour le treuil des puits, le
point A décrit toujours une circonférence; le
point B, une droite verticale; et que la quantité
dont le point B s'élève est déterminée par la grandeur de l'arc que le point A parcourt.

Dans toute machine à liaisons complètes, le
mouvement du point A déterminant le mouvement
du point B, on dit que la machine *transforme* le
mouvement du point A dans le mouvement du
point B, ou qu'elle *transmet* du point A au point
B le mouvement.

Une machine étant donnée, on peut se proposer de connaître les chemins simultanés de A
et de B; et, réciproquement, si les chemins simultanés de A et de B sont assignés à l'avance,
on peut se proposer de découvrir au moyen de
quelles *liaisons*, ou au moyen de quelle *machine*, on
transformera le premier mouvement dans le second.

Ce sont là des problèmes de pure géométrie,
dont ce traité a pour objet de développer les
solutions.

Leur intelligence, toutefois, supposant préalablement acquises certaines notions relatives au
mouvement, nous commencerons par étudier le
mouvement d'un point géométrique et quelques

mouvements particuliers des figures de forme invariable, ces figures consistant en des lignes, des surfaces ou des solides géométriques quelconques. Pour cela , nous ferons appel aux seules données que fournit la géométrie élémentaire; et, chaque fois qu'il nous arrivera de sortir de ses limites, nous éclaircirons par des notes ce que le texte pourrait laisser d'incomplet.

D'ailleurs, nous aurons fréquemment l'occasion de parler de quantités *infiniment petites* ou de quantités *infiniment grandes;* et nous ne développerons pas, à chaque fois, le sens qu'il faut attacher à ces termes, dont l'emploi donne aux démonstrations une forme plus concise et plus rapide, et permet, par là, de saisir d'une vue plus immédiate les propriétés des figures ou celles du mouvement. Nous nous bornerons à faire voir ici , sur deux exemples , que ces expressions d'*infiniment petit* et d'*infiniment grand* comportent toute la précision et toute la rigueur que l'on est en droit d'attendre du langage mathématique.

Premier exemple : Soit A et B deux points d'une

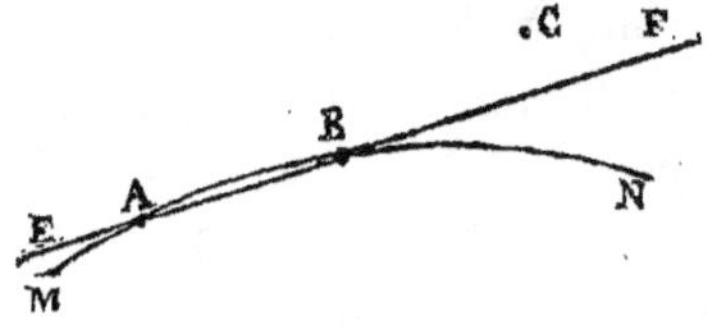

ligne courbe MN ; C , un point situé en dehors de

cette courbe ; EF, une ligne droite passant par les deux points A et B. La position du point C est telle que, si le point B se rapproche indéfiniment du point A demeuré fixe, la droite EF tourne autour du point A, en se rapprochant indéfiniment du point C ; et le point B peut toujours être pris assez voisin du point A pour que la droite EF aille passer aussi près du point C que l'on veut. On exprime cette circonstance en disant que la droite EF passe par le point C quand le point B est *infiniment voisin* du point A.

Second exemple : Soit AB une droite ; O, son milieu ; OZ, une perpendiculaire à AB ; C, un point pris sur OZ ; MN, un arc de cercle de centre C, de rayon CO, et terminé aux points M et N où il rencontre les perpendiculaires à AB élevées par les points A et B. On démontre aisément qu'à mesure que le centre C s'éloigne du point O, en restant situé sur OZ, l'arc MN, décrit avec le rayon CO qui croît sans cesse, ap-

proche de plus en plus de se confondre avec la droite AB ; et qu'en prenant le point C suffisamment éloigné du point O sur la droite OZ, on peut toujours rendre l'arc MN aussi voisin que

l'on veut de la droite AB. On exprime cette propriété en disant que l'arc MN se confond avec la
droite AB quand le centre C est situé à *l'infini*
sur OZ ; ou, encore, en disant que la droite AB
fait partie d'une circonférence dont le rayon est
infiniment grand.

PREMIÈRE PARTIE.

DU MOUVEMENT DES POINTS,

ET

DU MOUVEMENT DES FIGURES

DE FORME INVARIABLE.

§ 1er. DU MOUVEMENT D'UN POINT.

1. *Représentation géométrique du mouvement d'un point.* — Le mouvement d'un point M (fig. 1) est déter-

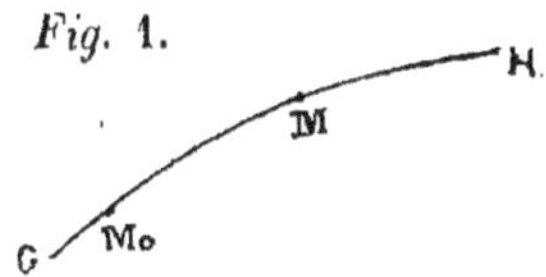

Fig. 1.

miné quand on connaît la ligne GH ou *trajectoire* que ce point décrit dans l'espace, et la position qu'il occupe à chaque instant sur sa trajectoire.

Cette position, elle-même, peut se déterminer par la

longueur M_0M du chemin parcouru par le mobile, depuis l'époque initiale, et mesuré linéairement sur la trajectoire à partir de la position initiale M_0. On donne à ce chemin M_0M le nom particulier d'*espace*.

7. Pour représenter géométriquement la grandeur de l'espace à chaque instant, on construit dans un plan une certaine ligne OK (fig. 2), de la manière suivante :

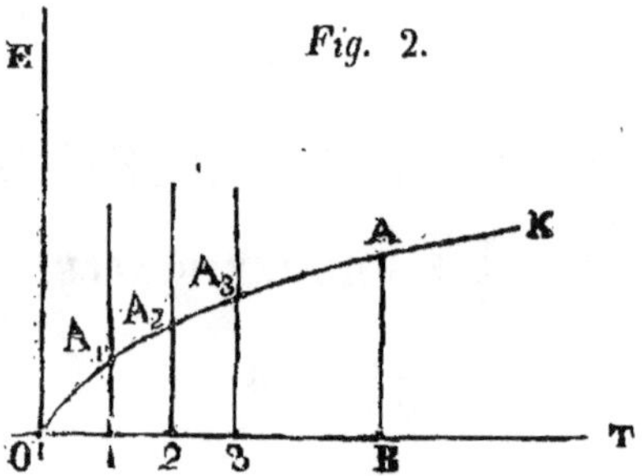

On trace, dans ce plan, deux droites OT et OE perpendiculaires entre elles et qui prennent le nom d'*axes coordonnés*. On porte sur OT, à partir du point O, des longueurs O1, 12, 23, ... , égales à l'unité; et, par les points de division 1, 2, 3, ... , on mène des parallèles à OE. On prend, sur ces parallèles, à partir de la droite OT et dans le sens OE, des longueurs $1A_1$, $2A_2$, $3A_3$, ... respectivement égales aux espaces parcourus par le mobile après 1, 2, 3, ... secondes. On fait passer un trait continu par les points O, A_1, A_2, A_3, ... ; et l'on obtient ainsi une ligne OK qui, une fois construite, permet de déterminer aisément l'espace parcouru par le mobile après un nombre quelconque de secondes, puisqu'il suffit, pour cela, de rechercher la parallèle dont le numéro d'ordre

répond au nombre de secondes écoulées, et de mesurer ,
sur cette parallèle , la longueur interceptée entre la droite
OT et la courbe.

Si l'on porte sur OT des longueurs égales, non plus à
l'unité, mais au dixième de l'unité; si , par chacun des
points de division , on mène des parallèles à OE ; et si l'on
prend , sur ces parallèles , à partir de la droite OT , dans
le sens OE , des longueurs respectivement égales aux chemins parcourus par le mobile après chaque dixième de
seconde ; on obtiendra ainsi une série de points, dont les
points A_1, A_2, A_3 ... feront partie , et par lesquels on
pourra conduire la ligne OK. Cette ligne alors fera connaître , de dixième de seconde en dixième de seconde , les
espaces décrits.

De même, on pourra, si l'on veut , représenter géométriquement, au moyen de la ligne OK, les espaces décrits
après chaque centième , ou après chaque millième de seconde, ou à des intervalles de temps plus rapprochés. Mais
il nous importe moins, ici, de rechercher à l'aide de quels
procédés on construirait une ligne donnant à toute époque
la grandeur de l'espace, que de concevoir son existence.

Cette ligne prend le nom de *ligne des espaces* parcourus
par le mobile ; et l'on voit , par ce qui précède , que le mou-
vément du mobile est complètement déterminé lorsque l'on
donne sa trajectoire GH (fig. 1) et la ligne OK de ses espaces
(fig. 2). En effet, si l'on veut savoir, par exemple, où se
trouve le mobile après 5,298 secondes, on prend sur la
droite OT une longueur OB égale à 5,298 unités ; on mène,
par le point B, une parallèle à OE, rencontrant en A la ligne
OK ; on mesure la longueur BA ; on détermine sur la ligne
GH , à partir du point M_0 et dans un sens convenable, un

arc M_0M égal en longueur à BA. L'extrémité M de cet arc donne le lieu où se trouve le mobile à l'époque considérée.

La droite OT est dite l'*axe des temps*, parce que chacune de ses unités représente une unité du temps écoulé. La droite OE, parallèlement à laquelle se comptent les espaces, est dite l'*axe des espaces*. Ces deux axes sont toujours donnés en même temps que la ligne OK.

3. *Du mouvement uniforme et de sa vitesse.* — La ligne des espaces n'est pas nécessairement une ligne courbe. Il peut arriver qu'elle soit droite, en tout ou en partie. Soit ainsi KL (fig. 3) une portion rectiligne de la ligne des

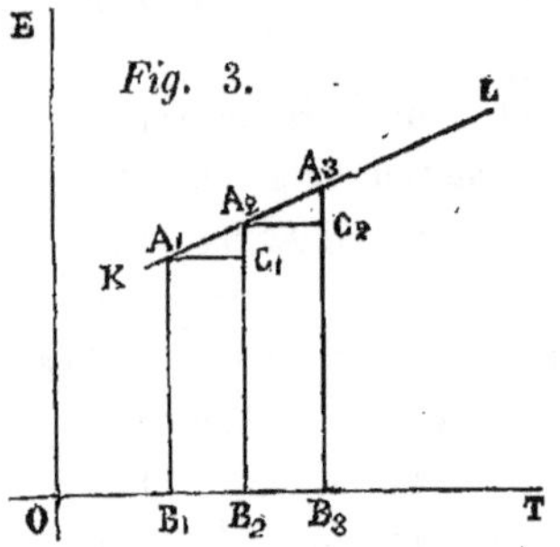

espaces. Prenons-y des points A_1, A_2, A_3, … également distants deux à deux, et abaissons de ces points sur OT les perpendiculaires A_1B_1, A_2B_2, A_3B_3, …, qui représentent les espaces parcourus par le mobile aux époques marquées par les longueurs OB_1, OB_2, OB_3 ….. Des extrémités A_1, A_2,… de chaque parallèle, menons, jusqu'à la rencontre de la parallèle suivante, les perpendiculaires A_1C_1, A_2C_2, … Tous les triangles $A_1A_2C_1$, $A_2A_3C_2$, … sont égaux, et par suite aussi toutes les lignes B_1B_2, B_2B_3, ... D'ailleurs A_2C_1, A_3C_2, ..., différences consécutives des longueurs A_1B_1, A_2B_2, A_3B_3, ..., représentent les espaces parcourus dans les intervalles de temps marqués par B_1B_2, B_2B_3, ... On en conclut que les espaces parcourus dans des temps égaux sont égaux.

Le mouvement est dit alors *uniforme ;* et l'on appelle *vitesse* du mouvement, l'espace parcouru par le mobile pendant une seconde. Cet espace peut s'obtenir en divisant un espace quelconque par le nombre de secondes employées à le parcourir ; en sorte que la vitesse a pour expression numérique le rapport des deux droites qui représentent l'espace et le temps, par exemple, le rapport de A_2C_1 à B_1B_2, ou celui de A_2C_1 à A_1C_1.

La vitesse d'un mouvement uniforme étant connue une fois pour toutes, il est évident que l'espace parcouru par le mobile à une époque quelconque et pendant un temps quelconque, s'obtiendra en faisant le produit de la vitesse par le temps.

4. *De la vitesse d'un mouvement varié, et de sa représentation géométrique.* — Revenons au cas le plus général, à celui (fig. 4) où la ligne OK des espaces est

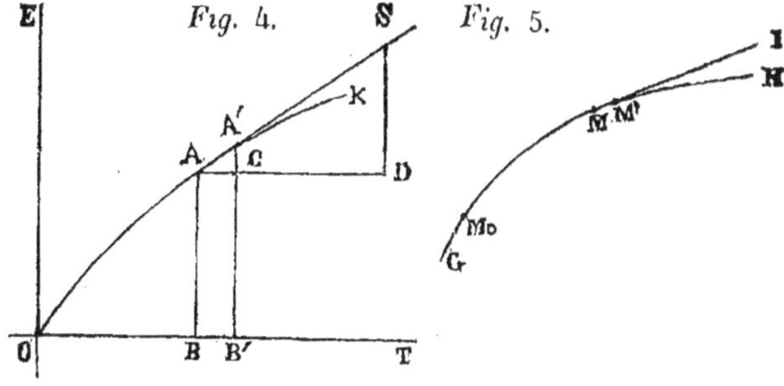

courbe, et où le mouvement, n'étant plus uniforme, est dit *varié*. Si l'on prend sur cette ligne un arc infiniment petit AA', lequel correspond à un temps infiniment petit BB', on peut considérer cet arc élémentaire comme rectiligne (1), et, par suite, regarder le mouvement

(1) Note sur les courbes et sur leurs tangentes :

1. Si, sur une ligne courbe située d'une manière quelconque dans l'espace, on prend (fig. *a*) une série de points A, B, C, ..., Z,

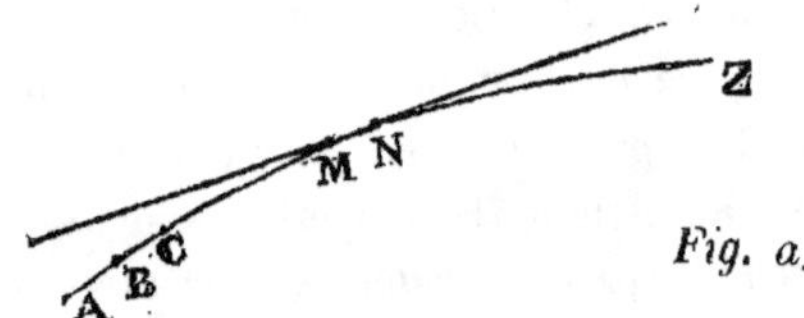

Fig. a.

infiniment voisins deux à deux, ces points divisent la courbe en arcs infiniment petits, AB, BC, ..., qui peuvent être assimilés à des lignes droites ; en sorte que la courbe elle-même peut être assimilée à un contour polygonal. Chacun des côtés MN de ce contour prend le nom d'*élément* de la courbe ; et cet élément, indéfiniment prolongé au-delà des points M et N, fournit une droite qui est dite *tangente* à la courbe au point M.

On obtient donc (fig. *b*) la tangente à la courbe AZ, au point M,

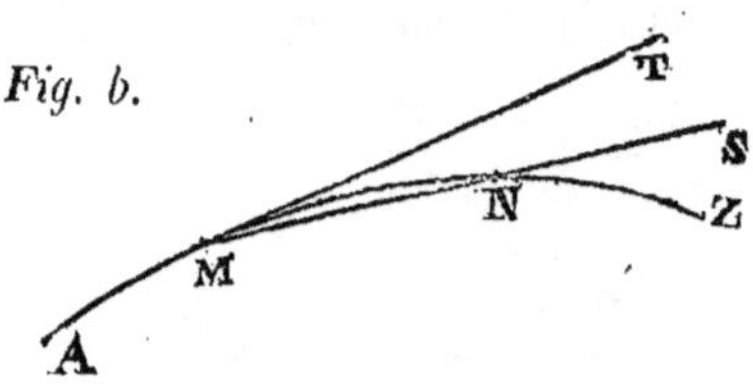

Fig. b.

en menant par ce point une sécante MS qui coupe la courbe en un second point N, voisin du point M, et en faisant tourner cette sécante autour du point M, jusqu'à ce qu'elle atteigne la position MT pour

comme uniforme pendant l'intervalle de temps BB'. Or, si l'on mène, du point A, la droite AC perpendiculaire sur A'B', A'C représente l'espace parcouru dans cet intervalle. La vitesse de ce mouvement uniforme est donc, en vertu de ce qui précède, égale au rapport de A'C à BB', ou à celui de A'C à AC; c'est-à-dire égale au rapport de l'élément MM' du chemin parcouru sur la trajectoire GH (fig. 5) , au temps employé à le parcourir.

laquelle le point N vient se confondre avec le point M. La droite MT est la tangente.

2. On appelle *plan normal* à la courbe au point M, le plan mené par ce point perpendiculairement à la tangente.

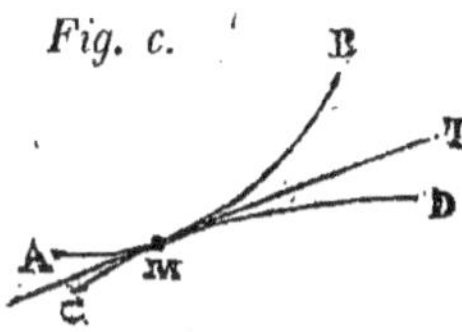

Fig. c.

3. On dit que deux courbes AB et CD (fig. c) se *touchent* en un point M, lorsqu'elles ont, en ce point M, la même tangente MT. En ce point M, elles ont évidemment aussi le même plan normal.

4. On dit que deux courbes se rencontrent *normalement* en un point, lorsque leurs tangentes en ce point sont perpendiculaires entre elles.

4. On dit qu'une courbe AB est *plane*, lorsqu'elle est située tout entière dans un plan; et l'on appelle *normale* à la courbe au point M, la droite MN (fig. d) menée par ce point, dans le plan, perpendiculairement à la tangente MT.

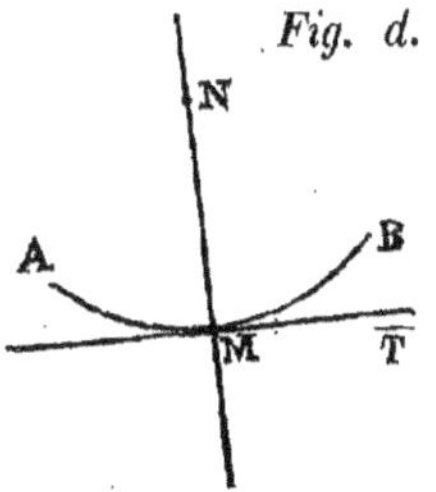

Fig. d.

6. Deux courbes planes qui se touchent en un point M, ont évidemment en ce point même normale; et, réciproquement, si elles ont même normale au point M, elles y ont aussi même tangente.

On dit que ce rapport représente, en grandeur, la *vitesse linéaire*, ou simplement la *vitesse* du mobile à l'instant considéré ; et l'on appelle direction de la vitesse à cet instant, la direction même de l'élément MM' du chemin, c'est-à-dire la direction de la tangente MI au point M, menée dans le sens du mouvement.

La vitesse du mobile étant connue pour chaque instant, il est évident que, si l'on multiplie sa valeur à un instant quelconque par un temps infiniment court, on obtiendra le chemin élémentaire parcouru par le mobile à partir de cet instant et pendant ce temps infiniment court.

5. La considération de la courbe des espaces fournit un moyen simple de représenter géométriquement la vitesse. Que l'on trace, en effet, le prolongement de l'élément AA' (fig. 4), c'est-à-dire la tangente AS au point A de la ligue OK ; que, sur AC prolongé, on prenne la longueur AD égale à l'unité ; que l'on mène ensuite, par le point D, la droite DS parallèle à OE, et se terminant en S sur la tangente ; le rapport de A'C à AC est égal à celui de SD à AD ; il a donc même expression numérique que SD, puisque AD est égal à l'unité. Ainsi, la ligne SD représente la vitesse du mobile à l'instant marqué par OB.

Si, à partir de cet instant, la vitesse, cessant de varier, conservait la valeur qui répond à l'intervalle de temps BB', le mouvement deviendrait uniforme, et la droite AS représenterait la ligne des espaces, en même temps que SD serait la grandeur du chemin parcouru dans l'unité de temps.

6. *Construction géométrique de la vitesse d'un mouvement donné par l'observation.* — Le mouvement dont

on veut déterminer la vitesse peut être donné, soit par
l'expression de la loi qui le caractérise, soit par l'observation. Dans ce dernier cas, qui sera pour nous le
plus ordinaire, on détermine expérimentalement les espaces parcourus, M_0M_1, M_0M_2, M_0M_3, ... (fig. 6), à des

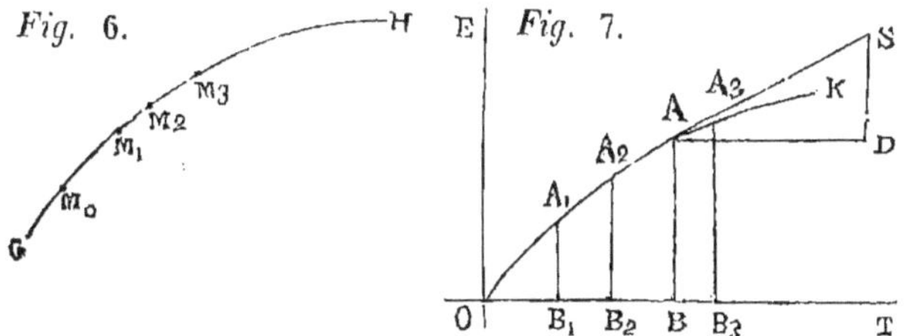

époques suffisamment rapprochées ; on prend sur OT (fig.
7) les longueurs OB_1, OB_2, OB_3, ... proportionnelles
aux temps écoulés depuis l'époque initiale, c'est-à-dire
renfermant autant d'unités et de parties d'unité qu'il s'est
écoulé de secondes et de parties de seconde depuis l'époque initiale ; on mène parallèlement à OE les droites B_1A_1,
B_2A_2, B_3A_3, ... , respectivement égales en longueur aux
espaces M_0M_1, M_0M_2, M_0M_3, ... Les points A_1, A_2, A_3,
... appartiennent à la ligne des espaces ; et l'on s'en sert
pour tracer à la main une ligne OK, qui diffère d'autant
moins de cette ligne des espaces, que les points A_1, A_2,
A_3, ... sont plus rapprochés et plus nombreux.

Si l'on veut avoir, alors, la vitesse à une époque quelconque, on prend la longueur OB proportionnelle au temps
qui s'écoule jusqu'à cette époque ; on mène BA parallèle à
OE et rencontrant la courbe au point A ; on construit, à
vue, la tangente AS à la courbe au point A ; et l'on obtient
ensuite la vitesse SD comme il a été dit précédemment.

7. *Du rapport des vitesses simultanées de deux mobiles.* — Deux points mobiles occupent au même instant les positions A et B (fig. 8) sur leurs trajectoires respec-

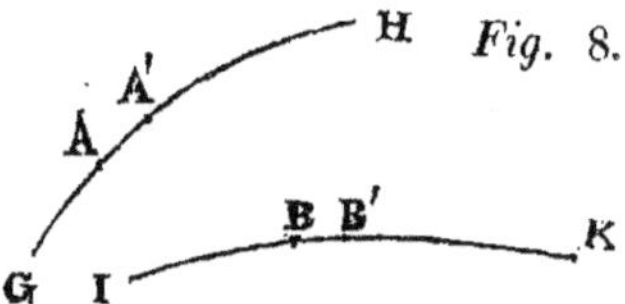

tives GH et IK ; on veut, à cet instant, comparer leurs vitesses.

Supposons d'abord les mouvements uniformes. Soit AA' et BB' les chemins que ces deux points parcourent simultanément à partir de cet instant et pendant un temps t quelconque. On a, d'une part,

$$\text{vitesse de A} = \frac{AA'}{t} ;$$

de l'autre,

$$\text{vitesse de B} = \frac{BB'}{t} .$$

Il en résulte

$$\frac{\text{vit. de A}}{\text{vit. de B}} = \frac{AA'}{t} : \frac{BB'}{t} \quad (1),$$

ou, en simplifiant suivant des règles connues,

$$\frac{\text{vit. de A}}{\text{vit. de B}} = \frac{AA'}{BB'} ;$$

(1) Les deux points indiquent, comme la barre horizontale, une division à effectuer. On les emploie de préférence à la barre, lorsque l'opération porte sur des expressions fractionnaires, où la barre figure déjà.

c'est-à-dire que le rapport des vitesses des deux mobiles
est égal au rapport des chemins qu'ils parcourent simultanément pendant un temps quelconque.

Passons maintenant au cas général, où les mouvements
sont variés. On peut, pendant un intervalle de temps infiniment court, les considérer encore comme uniformes; et,
si AA' et BB' représentent les chemins élémentaires parcourus dans cet intervalle, on a encore

$$\frac{\text{vit. de } A}{\text{vit. de } B} = \frac{AA'}{BB'} \cdot$$

On énonce ce résultat en disant que le rapport des
vitesses des deux mobiles est égal au rapport des chemins
infiniment petits qu'ils parcourent simultanément.

8. *Cas où les deux points A et B sont liés d'une
manière complète.* — Si les deux points A et B appartiennent à une machine dans laquelle les liaisons sont
complètes, on peut faire varier la grandeur absolue des
vitesses sans que leur rapport en soit modifié. Cela résulte de ce que le déplacement AA' du point A détermine
d'une manière complète le déplacement BB' du point B;
en sorte que le rapport $\dfrac{AA'}{BB'}$ reste le même, quel que soit
le temps t infiniment court pendant lequel ces déplacements s'effectuent.

Par exemple, dans le cas du treuil des puits, si le rayon
de la manivelle est double du rayon du cylindre sur lequel
la corde s'enroule, le chemin parcouru par la main de
l'homme est double de la longueur de la corde qui s'enroule,
ou double du chemin que le fardeau parcourt. La vitesse de
la main est donc, aussi, toujours double de la vitesse du

fardeau , que le treuil tourne plus ou moins rapidement , que son mouvement s'accélère ou qu'il se ralentisse.

9. *Du mouvement circulaire d'un point.* -- Lorsqu'un point M (fig. 9) se meut sur une circonférence dont le rayon r est donné, et dont le centre est en O, la droite OM tourne autour du point O, dans le plan de la circonférence ; et l'on peut déterminer le mouvement du point M, en donnant à chaque instant la grandeur de

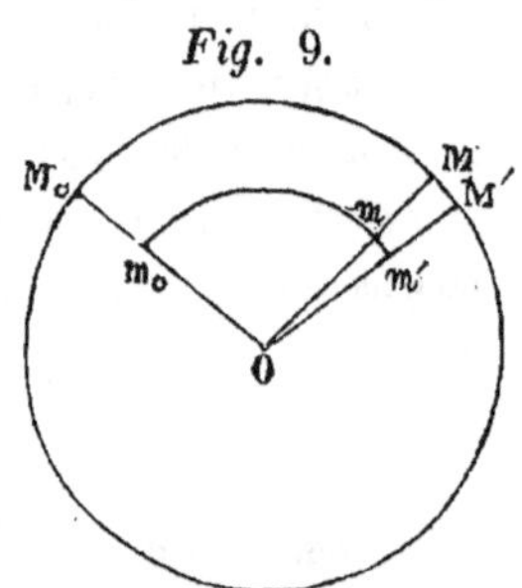

Fig. 9.

l'angle que forme le rayon mobile OM avec le rayon fixe OM_0 qui passe par la position initiale, M_0, du point M. Cet angle, que l'on désigne sous le nom de *chemin angulaire* du point M, peut être évalué , soit en degrés , soit , linéairement, au moyen de l'arc $m_0 m$ qu'il intercepte sur une circonférence ayant son centre au point O et l'unité pour rayon (1).

(1) Les deux secteurs semblables MOM_0 et mom_0 donnent la proportion

$$\frac{MM_0}{OM} = \frac{mm_0}{om}.$$

Le rayon om étant égal à l'unité, on peut écrire

$$\frac{MM_0}{OM} = mm_0.$$

Cette égalité exprime que la mesure de l'angle MOM_0 s'obtient en divisant l'arc MM_0 par le rayon OM.

On peut écrire encore

$$MM_0 = mm_0 \times OM ;$$

ce qui indique que l'arc est égal au produit de l'angle au centre, multiplié par le rayon.

Il importe de ne point perdre de vue ces deux formules , où l'on suppose toujours l'angle mesuré linéairement.

10. Si le mouvement du point M est uniforme, l'angle M_0OM croît de quantités égales en temps égaux ; et l'on appelle *vitesse angulaire* de ce point, le chemin angulaire décrit pendant l'unité de temps, ou, ce qui revient au même, le rapport d'un chemin angulaire quelconque au temps employé à le parcourir.

11. Si le mouvement du point M est varié, on appelle alors *vitesse angulaire* du mobile, à un certain instant, le rapport de l'élément MOM' du chemin angulaire parcouru depuis cet instant, au temps t infiniment court employé pour le parcourir ; en sorte que l'élément du chemin angulaire est égal au produit de la vitesse angulaire par l'élément du temps.

Il ne suffit pas, d'ailleurs, de déterminer l'intensité de la vitesse angulaire ; il faut encore distinguer quel en est le sens, ou quel est le sens de la rotation à l'instant considéré. Concevant une figure d'homme placée au-dessus du plan du cercle, ayant les pieds au point O, et faisant face au point M, on dit que la rotation s'effectue *de gauche à droite, par devant,* ou *de droite à gauche, par devant,* selon que le point M' est situé à droite ou à gauche du point M. Une flèche peut servir à indiquer le sens du mouvement.

12. L'angle MOM' étant mesuré par l'arc *mm'* qu'il intercepte, on a, pour l'expression a de la vitesse angulaire du point M,

$$a = \frac{mm'}{t} \; ;$$

et, d'ailleurs, pour la vitesse linéaire v de ce même point, au même instant,

$$v = \frac{MM'}{t} \, .$$

Il en résulte

$$\frac{v}{a} = \frac{MM'}{mm'}.$$

Mais MM' est égal au produit de mm' par r ; en sorte que le rapport de MM' à mm' est égal à r.

On a donc enfin l'égalité

$$\frac{v}{a} = r,$$

qui peut s'écrire,

$$v = a \times r,$$

et exprime que la vitesse linéaire, à un instant quelconque, s'obtient en multipliant la vitesse angulaire par la valeur numérique du rayon du cercle.

13. Si les deux points A et B (fig. 10) tournent simultanément autour des centres respectifs C et D, et par-

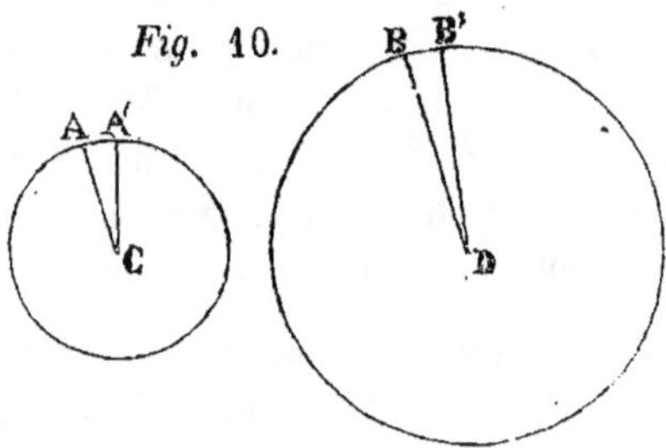

Fig. 10.

courent, dans un temps t infiniment court, les chemins infiniment petits ACA' et BDB', avec les vitesses angulaires a et b, on a les relations

$$a = \frac{ACA'}{t} \quad , \quad b = \frac{BDB'}{t} ;$$

d'où l'on déduit

$$\frac{a}{b} = \frac{ACA'}{BDB'}.$$

Ainsi, le rapport des deux vitesses angulaires simultanées est égal au rapport des chemins angulaires infiniment petits parcourus simultanément, ces chemins angulaires étant évalués linéairement, ou même, si l'on veut, en degrés.

14. Si les deux points A et B sont liés entre eux d'une manière complète, leurs vitesses absolues peuvent varier, sans que le rapport des vitesses angulaires en soit, pour cela, modifié.

---

§ 2. MOUVEMENT DE TRANSLATION RECTILIGNE D'UNE FIGURE.

15. On dit qu'une figure de forme invariable est animée d'un mouvement de *translation rectiligne*, lorsque tous ses points décrivent, dans le même temps, des droites égales et parallèles. Ces points ont alors, à chaque instant, la même vitesse; et le mouvement de l'un d'entre eux fait connaître le mouvement de tous les autres.

---

§ 3. MOUVEMENT DE ROTATION D'UNE FIGURE AUTOUR D'UN AXE FIXE.

16. On dit qu'une figure de forme invariable est animée d'un mouvement de *rotation* autour d'un axe, ou qu'elle *tourne* autour d'un axe, quand son déplacement est tel que la distance de chacun de ses points à chacun des points de l'axe reste toujours la même.

17. Soit M (fig. 11) un des points du système en mouvement; XY, l'axe de rotation; MI, la perpendiculaire abaissée du point M sur l'axe XY; K, un point quelconque de l'axe, différent du point I; M_1, M_2, ... , des positions successives du point M. Il résulte de la définition de la rotation, que les distances MI, M_1I, M_2I, ... sont toutes égales entre elles, aussi bien que les distances MK, M_1K, M_2K, ... ; par conséquent, tous les triangles MIK, M_1IK, M_2IK, ... sont égaux, et toutes les droites MI, M_1I, M_2I, ... sont perpendiculaires à l'axe. Le point M décrit donc un cercle dont le centre est en I, et dont le plan est perpendiculaire à l'axe.

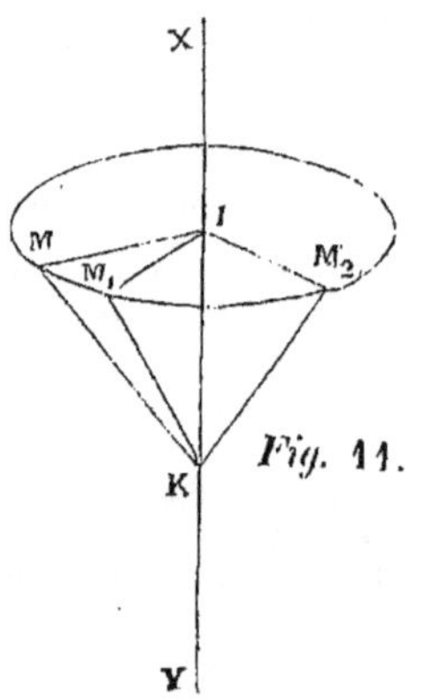

Fig. 11.

Fig. 12.

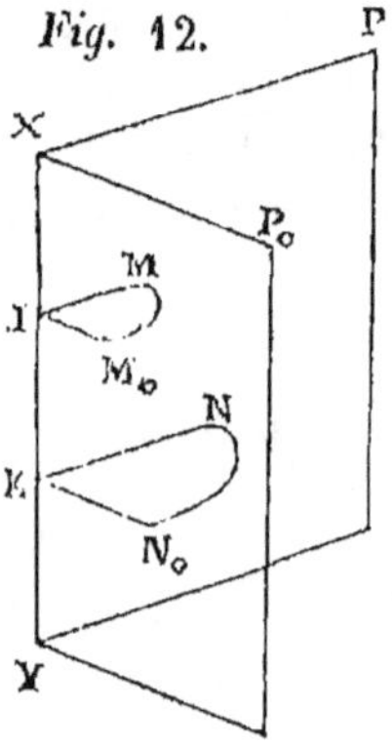

18. Soit mené par l'axe (fig. 12) un plan XYP traversant le système mobile, tournant avec lui, et parti de la position XYP_0. Soit pris,

dans ce plan, deux points quelconques M et N, partis des
positions M_0 et N_0, et se projetant sur l'axe aux points I
et K (1). Les chemins angulaires M_0IM et N_0KN, parcourus par ces deux points, sont égaux, puisque tous deux
mesurent l'angle dièdre du plan mobile avec sa position
initiale.

19. Si l'on suppose que les deux points M et N soient
situés dans deux plans distincts, P et Q, passant par
l'axe, le chemin angulaire du point M mesure l'angle
dièdre que décrit le plan P; et le chemin angulaire du
point N mesure l'angle dièdre que décrit le plan Q. Mais
ces deux plans P et Q, formant toujours entre eux le
même angle pendant la rotation, décrivent nécessairement
des angles dièdres égaux. Il en résulte que les chemins
angulaires des deux points M et N sont égaux.

Ainsi, lorsque le système tourne autour de l'axe, deux
quelconques de ses points parcourent toujours simultanément le même chemin angulaire.

20. On en conclut que tous les points du système
ont à chaque instant la même vitesse angulaire, laquelle
est dite la *vitesse angulaire de rotation du système.*

21. Si v représente la vitesse linéaire de rotation d'un
point M du système, et r, sa distance à l'axe; si, en outre,

(1) Si d'un point M on abaisse, sur une droite ou sur un plan,
une perpendiculaire, on dit que le point M se *projette*, sur la droite
ou sur le plan, au pied de la perpendiculaire; ou que ce pied est la
projection du point M sur la droite ou sur le plan.

on appelle a la vitesse angulaire de rotation du système; on a évidemment la formule

$$v = a \times r.$$

Cette formule montre que, pour les différents points du système, la vitesse linéaire v est proportionnelle à la distance r à l'axe de rotation.

---

§ 4. DU DOUBLE MOUVEMENT D'UNE FIGURE QUI TOURNE AUTOUR D'UN AXE ET SE TRANSPORTE PARALLÈLEMENT A CET AXE. — DE L'HÉLICE ET DES FIGURES HÉLICOÏDES.

22. Soit XY (fig. 13) un axe fixe; M, N, P, ..., des points d'une figure S de forme invariable; AB, CD, EF,..., des parallèles à l'axe, menées respectivement par ces diffé-

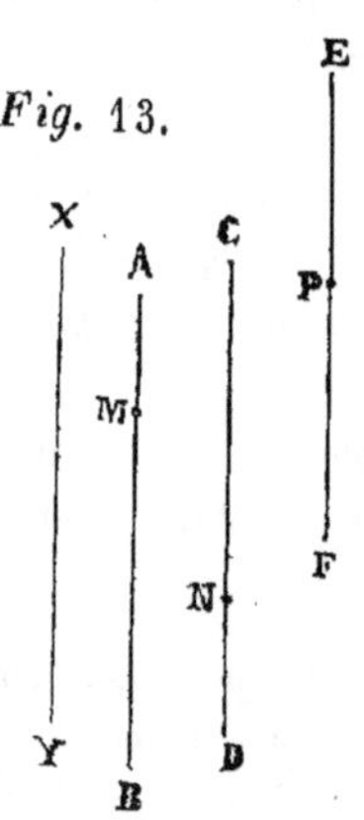

Fig. 13.

rents points. Concevons que les droites AB, CD, EF, ... tournent solidairement autour de l'axe fixe XY, avec une vitesse angulaire a; et qu'en même temps les points M, N, P, ... glissent contre ces droites avec une vitesse commune v. On définit le mouvement de la figure S, en disant qu'elle est animée simultanément de deux mouvements, à savoir : 1°. un mouvement de rotation autour de l'axe; 2°. un mouvement de translation parallèle à l'axe.

23. Il importe de remarquer le cas particulier où le rapport $\frac{v}{a}$ est constant.

I. De l'hélice.

24. Étudions d'abord le double mouvement d'un point unique M (fig. 14) tournant autour d'un axe CD et glissant parallèlement à cet axe ; et supposons que les vitesses a et v soient constantes. Si on imagine que ce point laisse partout derrière lui la trace de son passage, la ligne qu'il engendre ou le *lieu géométrique* du point M, porte le nom d'*hélice*. Ainsi, on peut définir l'hélice en disant que c'est la courbe engendrée par un point M qui se meut uniformément sur une droite AB, pendant que cette droite AB tourne uniformément autour d'un axe CD qui lui est parallèle.

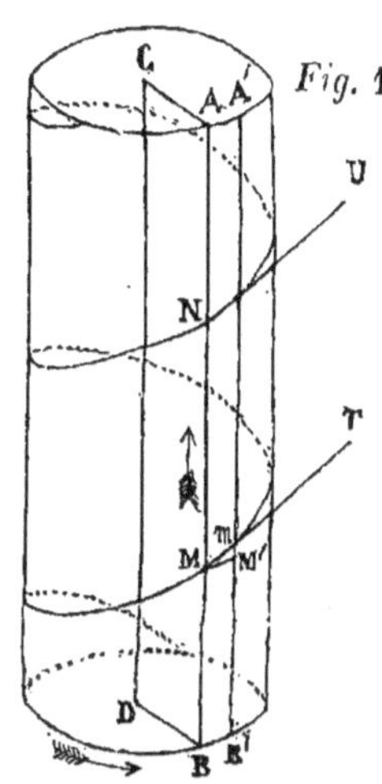

25. La droite AB, en tournant autour de la droite CD, engendre la surface convexe d'un cylindre circulaire droit, sur lequel est située l'hélice. Si r est le rayon de ce cylindre, la vitesse linéaire commune à tous les points de la droite AB, a pour expression $a \times r$. Si cette droite AB tourne indéfiniment autour de l'axe fixe CD, l'hélice fait un nombre indéfini de tours sur le cylindre, prolongé lui-même indéfiniment.

26. Après un tour entier, la droite AB reprend sa position primitive, et chacun de ses points a parcouru un chemin égal à $2\pi r$. Soit h le chemin MN que le point M a, dans le même temps, parcouru sur la droite AB. Les chemins h et $2\pi r$, étant parcourus d'un mouvement uniforme, sont proportionnels aux vitesses v et ar (n°. 7); en sorte que l'on a

$$\frac{h}{2\pi r} = \frac{v}{ar},$$

ou, en simplifiant,

$$\frac{h}{2\pi} = \frac{v}{a}.$$

Cette égalité, qui fait connaître h quand on donne a et v, et qui est vraie quelque position que l'on donne au point M de l'hélice, montre que la distance h de deux points consécutifs de rencontre de l'hélice avec une génératrice quelconque du cylindre (1), est constante ; et que son rapport à la circonférence 2π, décrite avec l'unité pour rayon, est égal au rapport de la vitesse de translation à la vitesse de rotation. La valeur constante de h est dite le *pas de l'hélice ;* et l'on appelle *tour de spire* la portion d'hélice comprise entre les deux points consécutifs M et N.

27. Supposons que le point M, en se déplaçant sur l'hélice, tourne autour de l'axe CD de la quantité angulaire A, et que sa projection sur CD parcoure le chemin linéaire H, lequel

_____

(1) On donne le nom de *génératrice* à chacune des positions successives que prend la droite AB, en tournant autour de la droite CD, pour engendrer la surface convexe du cylindre.

est égal au chemin que le point M parcourt sur la droite
AB. On établira l'égalité $\dfrac{H}{A} = \dfrac{v}{a}$,

comme on a établi l'égalité $\dfrac{h}{2\pi} = \dfrac{v}{a}$.

On a, par conséquent , $\dfrac{H}{A} = \dfrac{h}{2\pi}$.

28. *Tangente à l'hélice.* — Considérons (fig. 14) un
déplacement infiniment petit de la droite AB, qui prend la
position A′B′. Soit m la nouvelle position du point M mobile
sur la droite et décrivant l'hélice ; M′, la nouvelle position
qu'il prendrait s'il restait fixe sur la droite. Les arcs élémentaires Mm et MM′ peuvent être considérés comme rectilignes, et le triangle mM′M, comme rectangle au point
M′. La tangente MT à l'hélice , au point M, n'est autre
chose que l'élément Mm prolongé ; et l'angle que cette
tangente MT forme avec l'axe (1), est égal à l'angle que
forme l'élément Mm avec la génératrice MA, ou égal à
l'angle MmM′ du triangle élémentaire. Mais, dans ce
triangle, les côtés M′m et MM′ représentent les chemins
linéaires parcourus simultanément par le point M sur la
droite AB, et par la droite AB elle-même. Le rapport de ces
chemins est donc égal au rapport des vitesses des deux
mouvements ; c'est-à-dire que l'on a

$$\frac{M′m}{MM′} = \frac{v}{ar} ,$$

(1) On appelle angle de deux droites qui ne se rencontrent pas,
l'angle de deux droites, respectivement parallèles aux premières ,
menées par un point quelconque de l'espace.

et, par suite (n°. 26),

$$\frac{\text{M}'m}{\text{MM}'} = \frac{h}{2\pi r};$$

Il en résulte que, si l'on construit un triangle rectangle EFG (fig. 15), dont les deux côtés EF et FG de

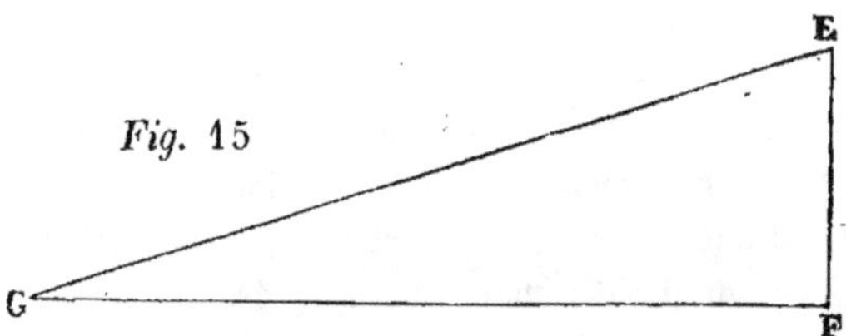

Fig. 15

l'angle droit soient - égaux respectivement au pas h de
l'hélice et à la longueur $2\pi r$ de la circonférence d'une
section droite du cylindre, ce triangle est semblable au
triangle élémentaire mM'M; et que, par conséquent, l'angle
en m de ce dernier triangle est égal à l'angle en E du premier.

Cela étant vrai, quelle que soit la position du point M,
on voit que la tangente en un point quelconque de l'hélice forme un angle constant avec l'axe du cylindre sur
lequel est tracée la courbe; et que cet angle peut s'obtenir
par une construction géométrique fort simple, quand on
connaît le pas de l'hélice et le rayon du cylindre sur
lequel elle est tracée.

Cette tangente MT est, de plus, située dans le plan
tangent au cylindre suivant la droite AB, c'est-à-dire, dans
le plan mené par la droite AB, perpendiculairement au

plan CABD. En effet, C étant le centre de l'arc AA' que décrit le point A , et cet arc élémentaire pouvant être considéré comme rectiligne , on a, au point A , un angle droit CAA', qui mesure l'angle dièdre du plan CABD avec le plan ABB'A'. Ces deux plans sont donc perpendiculaires entre eux. Or, le dernier renferme bien la tangente MT à l'hélice, puisqu'il renferme deux de ses points M et m.

29. De ce qui précède , il résulte que , pour tous les points, M , N , ... , d'une même hélice, situés sur une même génératrice AB du cylindre, les tangentes MT, NU , ... sont parallèles ; puisqu'elles sont situées dans un même plan , et forment, avec la génératrice, des angles correspondants qui sont égaux entre eux.

30. *Génération de l'hélice par un point dont la vitesse est variable.* — Supposons qu'à un certain instant , les vitesses v et a viennent à varier , sans que leur rapport cesse d'être égal à $\dfrac{h}{2\pi}$; le rapport des chemins élémentaires simultanés restera le même ; en sorte qu'au même chemin élémentaire MM' , correspondra encore le même chemin élémentaire M'm , et , par suite , le même élément Mm de trajectoire. On peut donc considérer l'hélice comme engendrée par un point M qui se meut sur une droite AB , pendant que cette droite AB tourne autour d'un axe fixe CD qui lui est parallèle, les vitesses des deux mouvements variant simultanément , sans que le rapport de ces vitesses cesse d'être égal à $\dfrac{h}{2\pi}$.

La valeur constante de ce rapport est connue quand on connaît h. Ainsi, pour qu'une hélice soit déterminée, il faut que l'on donne son pas et le rayon du cylindre auquel elle appartient.

31. *Hélices dextrorsum et sinistrorsum.* — Toutefois, il est encore une autre hélice, de même rayon et de même pas que la première, et avec laquelle il importe de ne pas la confondre. Pour le concevoir, supposons que, la première étant construite, et le point M y occupant une certaine position, d'ailleurs quelconque, on communique à ce point les deux vitesses simultanées v et a qu'il avait en engendrant l'hélice, et dont le rapport conserve la valeur constante $\dfrac{h}{2\pi}$. Le point M va parcourir l'hélice dans un certain sens. Ce sens changera, si celui des deux vitesses v et a vient à changer, mais le point M ne quittera pas l'hélice.

Il n'en sera plus de même si la rotation vient à changer de sens, sans que la translation soit altérée. Dans ce cas, le point M décrira sur le même cylindre une autre hélice, de même pas que la première, mais symétrique de la première et ne pouvant coïncider avec elle.

On distingue les deux hélices en disant que l'une est *dextrorsum* et l'autre *sinistrorsum*.

On voit donc qu'il faut, pour déterminer une hélice, faire connaître son pas, le rayon du cylindre, et les sens simultanés de la rotation et de la translation.

32. *Mouvement d'une hélice contre une autre hélice fixe.* — Considérons (fig. 16) une hélice de pas h, tracée sur un cylindre de rayon r; et soit indiqué, au moyen de la flèche f, le sens de la rotation du point générateur, qui répond

à une translation de sens DC. Concevons une seconde hélice
coïncidant avec la première ; mais, supposons-la mobile ;

Fig. 16.

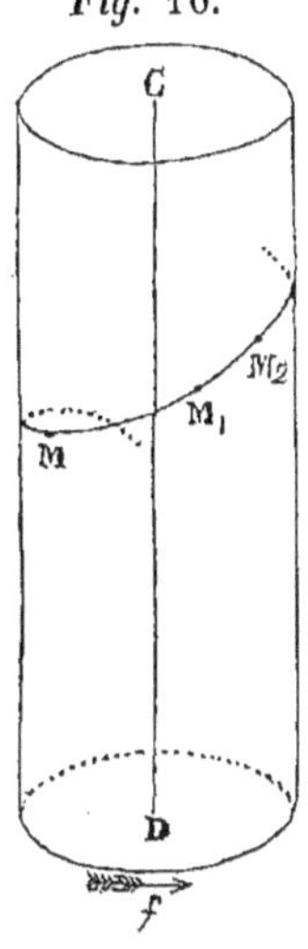

et donnons-lui un double
mouvement, l'un, de rotation
autour de l'axe CD, dans le
sens de la flèche f, l'autre,
de translation parallèle à
cet axe, dans le sens DC. Si
la vitesse linéaire v du second
est à la vitesse angulaire a du
premier dans le rapport constant de h à 2π, chacun des
points, M, M_1, M_2, ..., de l'hélice mobile se déplacera en
restant sur l'hélice fixe ;
c'est-à-dire que la première
hélice glissera contre la seconde, sans cesser de se con-

fondre avec elle ; et, si les vitesses viennent à changer de
sens, l'hélice mobile glissera contre l'autre en sens contraire.

33. *Mouvements d'une hélice et d'un point qui glissent
l'un contre l'autre.* — Soit (fig. 17) M_1, M_2, ... des positions successives du point générateur M de l'hélice ;
A_1B_1, A_2B_2, ... , les positions correspondantes de la droite
AB ; O, le centre de la section circulaire que détermine,
dans le cylindre, un plan mené par le point M perpendiculairement à l'axe ; P_1, P_2, ... , les points de rencontre
de cette section avec les droites A_1B_1, A_2B_2, ... Il résulte
du mode même de génération de l'hélice, qu'aux chemins

angulaires MOP_1, MOP_2, ..., parcourus par la droite AB
tournant autour de CD dans le sens de la flèche f, corres-

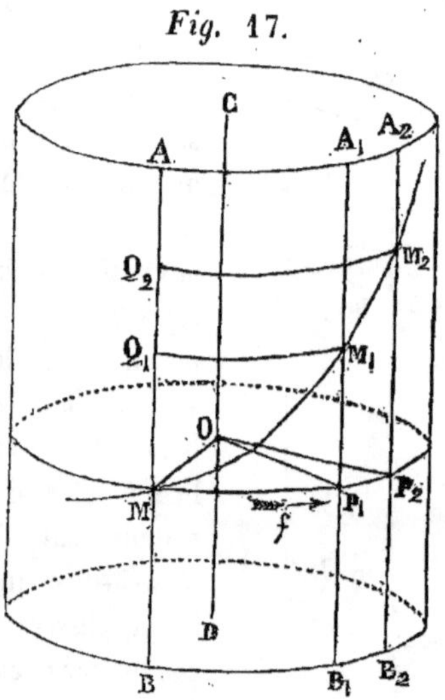

Fig. 17.

pondent les chemins linéaires P_1M_1, P_2M_2, ..., parcourus
par le point M sur la droite AB, dans le sens DC. Si donc
on suppose maintenant au point M un simple mouvement de
rotation, de vitesse a, autour de l'axe CD, dans le sens de
la flèche f; si, en outre, on suppose que l'hélice se transporte parallèlement à l'axe, avec la vitesse v, dans le sens
CD; si, enfin, on a toujours

$$\frac{v}{a} = \frac{h}{2\pi};$$

les deux points M et M_1 arriveront simultanément en P_1; les
deux points M et M_2, simultanément en P_2, etc. ; c'est-à-
dire que le point M, dans son mouvement de rotation, et

l'hélice, dans son mouvement de translation, glisseront l'un contre l'autre.

34. Faisons maintenant une autre hypothèse ; et , sans changer les valeurs absolues des vitesses , concevons que l'hélice tourne autour de l'axe en sens contraire de la flèche f, et que le point M se meuve sur la droite fixe AB , dans le sens DC. Si l'on mène par les points M_1 , M_2, … des plans perpendiculaires à l'axe et rencontrant la droite AB aux points Q_1 , Q_2 , … ; si l'on figure les arcs $M_1 Q_1$, $M_2 Q_2$, … , que ces plans déterminent sur le cylindre : on verra que , par suite des mouvements de l'hélice et du point M, ce dernier M arrivera en Q_1 au même instant que M_1 , en Q_2 au même instant que M_2, etc. ; c'est-à-dire que l'hélice et le point glisseront encore l'un contre l'autre.

35. *Mouvement de deux hélices l'une contre l'autre.* — Imaginons enfin que deux hélices (fig. 16) coïncident sur le cylindre , mais qu'elles puissent prendre des mouvements distincts. Donnons à l'une un mouvement de translation parallèle à CD, de sens CD et de vitesse v ; donnons à l'autre un mouvement de rotation , de vitesse a, dans le sens de la flèche f ; supposons qu'on ait toujours

$$\frac{v}{a} = \frac{h}{2\pi}.$$

Il résulte de ce qui précède, que chacun des points M , M_1, M_2 , … de l'une restera situé sur l'autre ; en sorte que ces deux hélices glisseront l'une contre l'autre, sans cesser de se confondre ; le sens dans lequel s'effectue le glissement changeant d'ailleurs, si la translation et la rotation viennent à changer de sens.

II. Des figures hélicoïdes.

36. Revenons au cas d'un système s'animé d'un double mouvement, l'un de rotation autour d'un axe fixe, l'autre de translation parallèlement à cet axe, et supposons le rapport $\dfrac{v}{a}$ constamment égal à $\dfrac{h}{2\pi}$. Tous les points du système décrivent des hélices de même pas h, qui peuvent d'ailleurs différer les unes des autres par la grandeur du rayon du cylindre sur lequel elles sont situées.

37. Supposons (fig. 18) que le système consiste dans une courbe fermée KL. Cette ligne engendre une surface

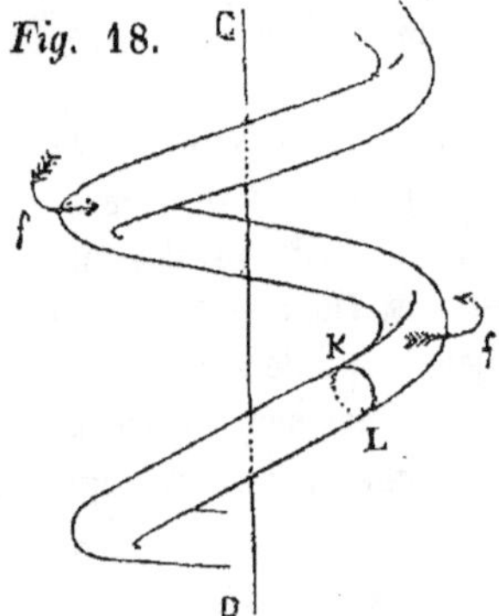

appelée *tube* ou *canal hélicoïde*, et l'on donne le nom de *filet hélicoïde* au solide qui remplit l'intérieur de ce canal.

Pour faire connaître un canal hélicoïde, on peut donner, avec son pas h, la section qu'y détermine un plan quelconque : par exemple, un plan mené perpendiculairement à l'axe de rotation ou suivant l'axe de rotation ; parce que le canal peut être engendré par le double mouvement de cette section, quand le rapport $\dfrac{v}{a}$ conserve la valeur constante $\dfrac{h}{2\pi}$.

38. Coupons le filet par deux plans perpendiculaires à l'axe. Les sections déterminées par ces deux plans sont égales. Soient M et N deux points de ces sections, qui coïncident lorsque les sections elles-mêmes coïncident. Ces deux points appartiennent à la même hélice de pas h; en sorte que, si H représente la distance des deux plans sécants, et A, l'angle du plan MCD avec le plan NCD, on a (n°. 27) la relation

$$\frac{H}{A} = \frac{h}{2\pi}.$$

39. Coupons le filet par deux plans renfermant l'axe. Les sections déterminées par ces deux plans sont égales. Soient M et N deux points de ces sections, qui coïncident lorsque les sections elles-mêmes coïncident. Ces deux points appartiennent à la même hélice de pas h; en sorte que, si A représente l'angle des deux plans, et H, la distance des projections sur CD des deux points M et N, on a aussi la relation

$$\frac{H}{A} = \frac{h}{2\pi}.$$

40. *Mouvement d'un tube hélicoïde contre un autre tube hélicoïde fixe.* — Considérons (fig. 18) deux tubes hélicoïdes qui coïncident, et, le premier restant fixe, donnons au second un double mouvement, l'un de rotation

dans le sens des flèches f, l'autre de translation dans le sens
DC. Si l'on a toujours

$$\frac{v}{a} = \frac{h}{2\pi},$$

chacun des points du second tube glissera contre une hélice
tracée sur l'autre; c'est-à-dire que le second tube glissera lui-
même contre le premier, sans cesser de se confondre avec lui.

41. *Mouvement de deux tubes hélicoïdes l'un contre
l'autre.* — Il en sera de même encore, si, le rapport $\frac{v}{a}$ restant toujours égal à $\frac{h}{2\pi}$, on donne au second tube un simple mouvement de rotation, de vitesse a, dans le sens des
flèches f; et, au premier, un mouvement de translation,
de vitesse v, dans le sens CD. Les deux tubes glisseront
l'un contre l'autre, et sans jamais cesser de se confondre.

———

§ 5. MOUVEMENT PARALLÈLE A UN PLAN.

42. On dit qu'un corps se meut parallèlement à un
plan fixe donné, lorsque tous ses points se meuvent en restant toujours situés dans des plans parallèles au plan fixe.

Si, pour une position particulière du corps, le plan donné
y détermine une certaine section, cette section se meut elle-
même dans le plan donné ; et le mouvement du corps est
connu si l'on connaît le mouvement de la section. L'étude
du mouvement du corps solide est donc ramenée à l'étude
du mouvement d'une figure plane dans son propre plan.

Les corps dont nous aurons l'occasion d'étudier le mouvement parallèlement à un plan donné, seront généralement terminés par des surfaces cylindriques (1) ayant leurs

(1) On appelle *surface cylindrique* ou *cylindre*, la surface s (fig. *e*) engendrée par une droite AB qui se meut en restant con-

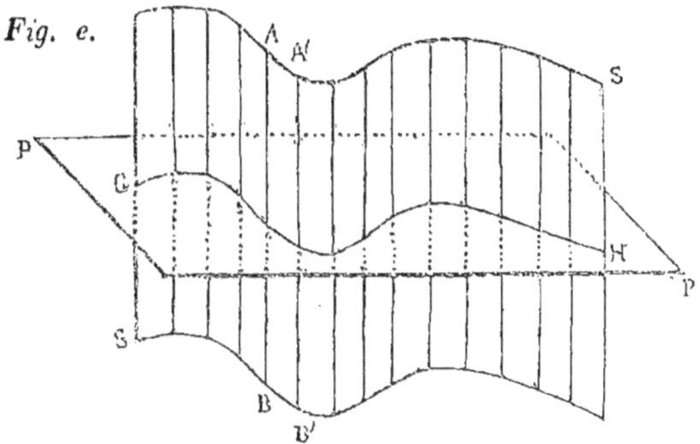

Fig. e.

stamment parallèle à elle-même. Les positions successives de cette droite constituent les *génératrices* du cylindre. Tout plan P perpendiculaire aux génératrices, coupe le cylindre suivant une courbe GH qui prend le nom de *section droite*. Un cylindre est déterminé quand on donne sa section droite.

On dit qu'un plan est *tangent* au cylindre le long de la génératrice AB, lorsqu'il passe par la droite AB et par une autre génératrice A'B', infiniment voisine de la première.

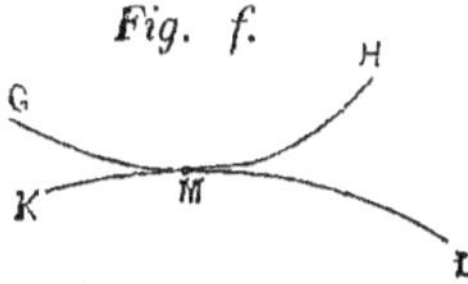

Fig. f.

Deux cylindres sont dits *parallèles* lorsque les génératrices de l'un sont parallèles aux génératrices de l'autre. Si les sections droites, GH et KL (fig. *f*), de deux cylindres parallèles sont situées dans le même plan, et si elles se touchent en un point M, la perpendiculaire

génératrices perpendiculaires au plan donné. Ce plan déterminera par conséquent, dans ces surfaces, des sections droites.

---

§ 6. MOUVEMENT D'UNE FIGURE PLANE DANS SON PLAN.

43. La position d'une figure plane s dans son plan (fig. 19) est déterminée quand on donne la position de deux de ses points A et B :

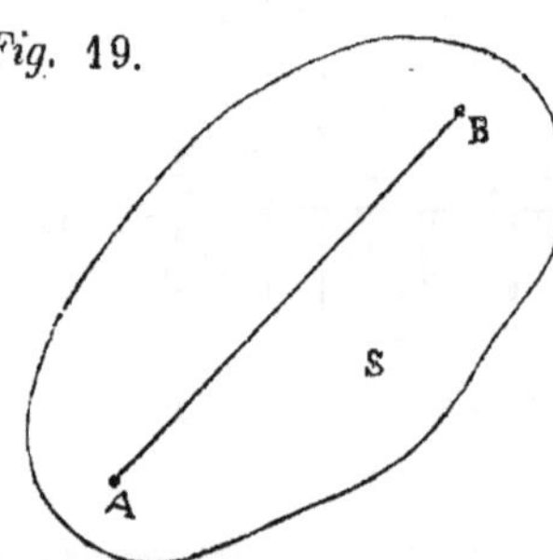

Fig. 19.

car, si l'on considère, sur la figure, un point quelconque, situé à des distances déterminées de A et de B, on retrouvera toujours ce point, pour chaque position donnée de A et de B, au moyen des circonférences décrites des points A et B comme centres, avec des rayons respectivement égaux à ces distances. On peut donc, par la pensée, réduire la figure à la droite qui joint les deux points A et B, et étudier le mouvement de cette droite AB, pour connaître le mouvement de la figure s.

44. *Changement de position d'une figure dans son plan*. — Si l'on considère une même figure dans deux

à ce plan, menée par le point M, appartient à la fois aux deux cylindres, qui ont même plan tangent le long de cette génératrice, et sont dits *tangents* l'un à l'autre suivant cette génératrice.

positions distinctes et non parallèles, on peut toujours l'amener de la première position AB à la seconde A′B′ (fig. 20), au moyen d'une rotation effectuée autour d'un

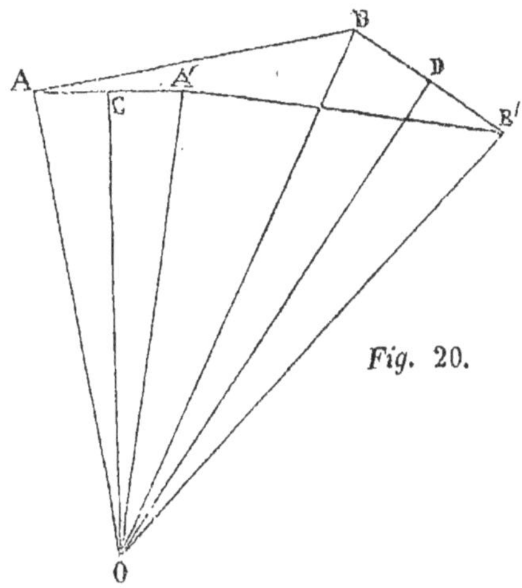

Fig. 20.

certain point o du plan. Pour le prouver, on mène les droites AA′ et BB′, et l'on élève, en leurs milieux C et D, des perpendiculaires à ces droites. Ces perpendiculaires se rencontrent en un point o. Si l'on mène OA, OB, OA′, OB′, on obtient deux triangles AOB et A′OB′, égaux entre eux, comme ayant leurs trois côtés égaux deux à deux. Pour appliquer le premier triangle AOB sur le second, il suffit de faire tourner le premier autour du point o, d'une quantité angulaire égale à AOA′, ou, ce qui revient au même, à BOB′. Une pareille rotation amène donc la droite AB dans la position A′B′ ; ce qu'il fallait démontrer.

45. *Mouvement continu d'une figure plane.* — Considérons maintenant le mouvement continu d'une figure AB dans son plan. Soit (fig. 21) A_0B_0 sa position initiale ;

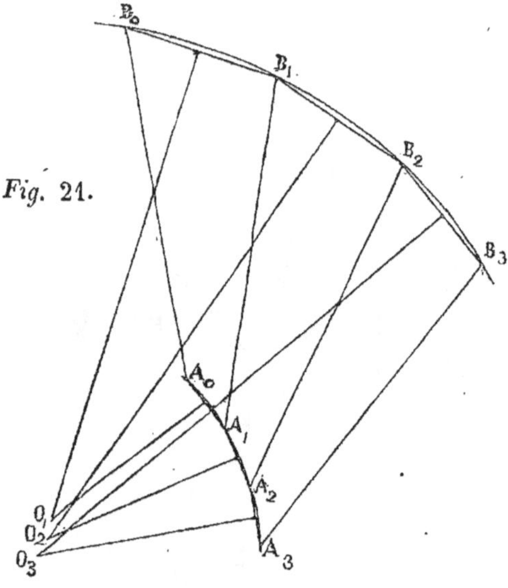

Fig. 21.

A_1B_1, A_2B_2, A_3B_3, ... des positions successives. On peut amener la droite AB de la position A_0B_0 à la position A_1B_1, au moyen d'une rotation autour d'un certain point O_1 du plan, que l'on vient d'apprendre à déterminer ; on la fait passer ensuite à la position A_2B_2, au moyen d'une autre rotation autour d'un autre point O_2 du plan ; de même, une nouvelle rotation autour d'un nouveau point O_3 l'amène à la position A_3B_3, et ainsi de suite. D'ailleurs, si les positions successives sont infiniment voisines deux à deux, les quantités angulaires des rotations sont infiniment petites ; les arcs A_0A_1, A_1A_2, A_2A_3, ... de la trajectoire du point A se confondent sensiblement avec les arcs de cercle A_0A_1, A_1A_2, A_2A_3, ... qui ont respectivement pour centres les points O_1, O_2, O_3, ... ; les arcs B_0B_1, B_1B_2, B_2B_3, ... de la trajectoire du point B se confondent sensiblement avec les arcs de cercle B_0B_1, B_1B_2, B_2B_3, ... qui ont respectivement pour centres les mêmes points O_1, O_2, O_3, ... ; d'une autre part, ces points O_1, O_2, O_3, ... sont deux à deux infiniment voisins. On peut donc représenter le mouvement, quel qu'il soit, de la figure AB, par une suite de rotations infiniment petites effectuées successivement autour des points consécutifs O_1, O_2, O_3, ..., que l'on considère comme les positions successives d'un même centre, de position variable à chaque instant, et qui sont dits pour cela des *centres instantanés de rotation*.

46. *Détermination du centre instantané de rotation.* — Soient AA′ et BB′ (fig. 22) des déplacements infiniment

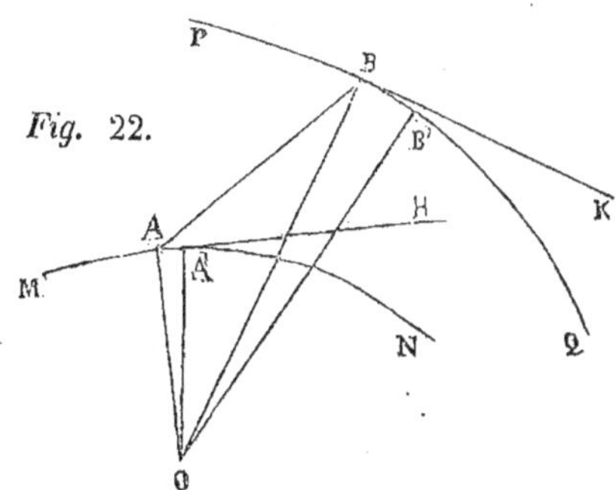

petits simultanés des points A et B sur leurs trajectoires

respectives MN et PQ. On vient de voir que les arcs AA' et BB' de ces trajectoires peuvent être assimilés à des arcs de cercle ayant pour centre commun un certain point O du plan. Si donc on mène les rayons OA et OB de ces arcs de cercle, et les droites AH et BK qui touchent respectivement, dans les points A et B, les trajectoires MN et PQ, ces droites AH et BK étant aussi tangentes aux arcs de cercle AA' et BB', sont respectivement perpendiculaires aux rayons OA et OB ; ou, réciproquement, les rayons OA et OB sont normaux aux trajectoires MN et PQ. On conclut de là que le centre instantané de rotation O, qui correspond à une position particulière quelconque, AB, de la figure S, est situé au point de concours des normales menées respectivement aux trajectoires MN et PQ, par les points A et B de ces trajectoires.

47. *Vitesses simultanées des différents points de la figure.* — Le rapport des vitesses simultanées des deux points A et B est égal, comme on l'a vu (n°. 7), au rapport de AA' et BB'; mais, à cause de l'égalité des angles AOA' et BOB' (n°. 44), les secteurs qui leur correspondent sont semblables et donnent la proportion

$$\frac{AA'}{BB'} = \frac{OA}{OB}.$$

On peut donc dire, encore, que le rapport des vitesses simultanées des deux points A et B est égal au rapport des longueurs des normales OA et OB, ou au rapport des distances des points A et B au centre instantané de rotation.

48. On voit, en général, que, si une figure plane se

meut d'une manière quelconque dans son plan , tous ses
points peuvent être considérés, à chaque instant, comme
tournant, d'une même quantité angulaire infiniment petite,
autour d'un point o particulier du plan : en sorte que
les vitesses de ces différents points ont , à chaque instant,
des directions perpendiculaires aux droites qui joignent
ces points au point o, et que leurs intensités sont proportionnelles aux longueurs de ces droites.

---

§ 7. MOUVEMENT RELATIF DE DEUX FIGURES PLANES TOUJOURS EN CONTACT.

49. Le déplacement d'un corps c dans l'espace n'est
pas un phénomène que perçoivent directement nos or-
ganes. Ceux-ci, en effet, saisissent seulement les rapports
de position du corps c avec les autres corps qui nous entourent et que nous jugeons immobiles ; et ils nous aver-
tissent, par là, des changements qui surviennent dans ces
rapports. Si les corps qui nous entourent sont réellement
immobiles, nos sens nous font connaître alors le déplacement du corps c dans l'espace, ou son *mouvement absolu ;*
mais, si cette immobilité n'est qu'apparente, si ces corps
sont animés d'un mouvement commun auquel nous parti-
cipons nous-mêmes , nos sens, dans ce cas, ne nous font
plus connaître que le *mouvement relatif* du corps c.

Cette remarque faite, nous nous bornerons à étudier
les mouvements relatifs des figures situées dans un
plan.

50. *Définition du mouvement relatif d'un point mobile dans un plan.* —Soit s (fig. 23) une figure plane, mobile dans son plan; A et B deux de ses points; M un autre point mobile dans le même plan et indépendant de la figure s. Supposons que l'on détermine, à chaque instant, les distances MA et MB.

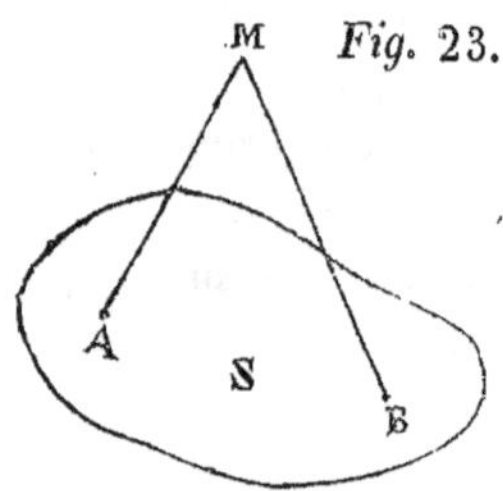

Fig. 23.

Supposons ensuite la figure s immobile; et modifions le mouvement du point M dans son plan, de manière que les distances MA et MB passent, avec le temps, par les mêmes valeurs que dans le cas précédent. Le mouvement du point M, alors, représentera ce que, dans le premier cas, on appelle *le mouvement du point* M, *relatif à la figure* s.

On est ainsi conduit à distinguer, pour le point M, deux sortes de mouvements : 1°. le mouvement propre, en vertu duquel il se déplace dans le plan, ou son *mouvement absolu ;* 2°. le mouvement en vertu duquel il change de position par rapport à la figure s, ou son *mouvement relatif.*

On peut faire une infinité d'hypothèses sur la nature des mouvements du point M et de la figure s, et concevoir que, dans chacune d'elles, les distances MA et MB varient toujours de la même manière avec le temps. Le mouvement relatif du point M est alors le même dans tous les cas, tandis que son mouvement absolu varie à chaque hypothèse faite sur le mouvement absolu de s.

51. *Mouvement relatif d'une figure plane dans son plan.* — Soient s et t (fig. 24) deux figures planes,

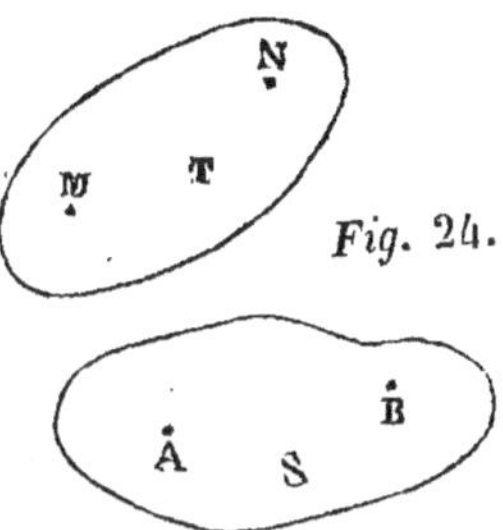

Fig. 24.

mobiles dans le même plan ; a et b deux points de la première ; m et n deux points de la seconde. Supposons qu'on ait déterminé les mouvements des points m et n relativement à la figure s.

Supposons ensuite que, s restant fixe, on modifie le mouvement de la figure t, de manière à conserver à ses deux points m et n les mêmes mouvements relatifs. Le mouvement de la figure t, dans ce cas, sera ce que, dans le cas précédent, on appelle *le mouvement de la figure t, relatif à la figure s.*

On distingue alors, pour la figure t, le *mouvement absolu,* en vertu duquel elle se déplace dans son plan, et le *mouvement relatif,* en vertu duquel elle change de position par rapport à la figure s.

On peut faire une infinité d'hypothèses sur la nature des mouvements de s et de t, et, dans chacune de ces hypothèses, concevoir que les mouvements relatifs des points m et n restent les mêmes ; le mouvement relatif de la figure t reste alors aussi le même.

Le mouvement relatif de la figure t étant indépendant de la nature du mouvement absolu de la figure s, on conçoit que, dans l'étude des propriétés du mouvement relatif de t, il puisse y avoir souvent avantage à considérer s comme fixe : c'est ce qu'il nous arrivera de faire dans la suite. D'ailleurs, les seuls mouvements relatifs qui nous occuperont, sont ceux de deux figures se touchant par leurs contours, et que nous pourrons, pour cela, réduire à de simples arcs de courbe. Ces arcs seront, en réalité, les sections droites ou les *profils* de surfaces cylindriques parallèles, assujetties à se mouvoir en restant toujours en contact.

52. *Roulement.* — On dit que deux lignes AB et CD (fig. 25), tangentes l'une à l'autre, *roulent* l'une contre

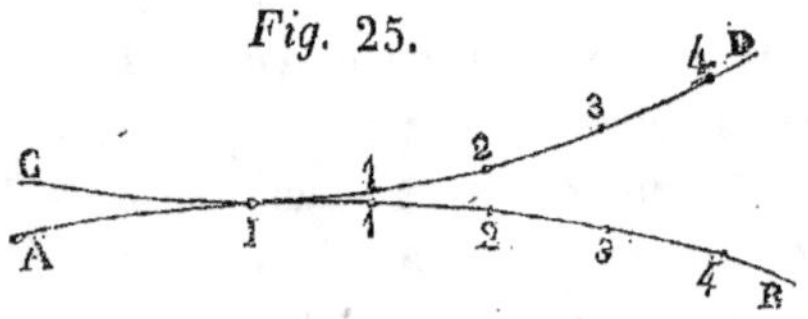

Fig. 25.

l'autre, lorsque, l'une d'elles étant mobile ou toutes deux, le point I de contact se déplace dans le même sens sur les deux lignes, et y parcourt des chemins égaux.

Ainsi, que sur les deux lignes AB et CD on prenne, à partir du point I et dans le même sens, des arcs I1, 12, 23, 34, ... égaux entre eux et aussi petits que l'on voudra; il résulte de la définition même du roulement, que le contact se déplacera sur chacune des courbes, et que celles-ci se toucheront successivement par les points 1, 2, 3, 4, ...

53. On peut réaliser, de la manière suivante, le roulement de l'arc CD contre l'arc AB supposé fixe:

On divise l'arc AB (fig. 26) en arcs égaux, infiniment petits, 01, 12, 23, 34, ..., qui peuvent être considérés comme rectilignes. On divise de même l'arc CD en éléments 0′1′, 1′2′, 2′3′ ,3′4′, ... égaux entre eux et aux précé-

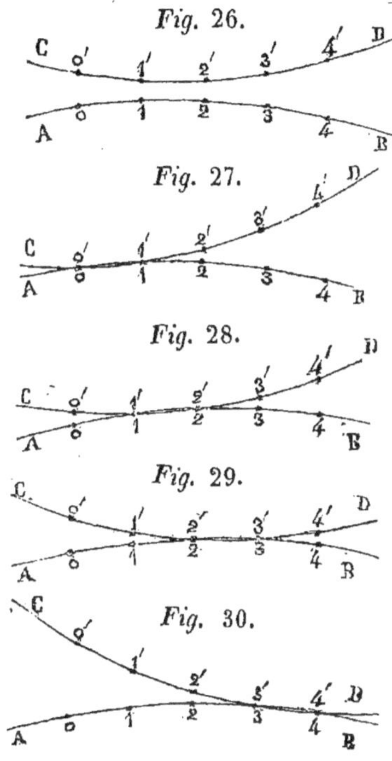

Fig. 26.

Fig. 27.

Fig. 28.

Fig. 29.

Fig. 30.

dents. Puis, ayant placé l'arc CD de manière que les deux éléments 0′1′ et 01 coïncident (figure 27) (1), on fait tourner l'arc CD , 1°. autour du point 1 jusqu'à ce que l'élément 1′2′ s'applique sur l'élément 12 (fig. 28); 2°. autour du point 2 jusqu'à ce que l'élément 2′3′ s'applique sur l'élément 23 (fig. 29); 3°. autour du point 3 jusqu'à ce que l'élément 3′4′ s'applique sur l'élément 34 (fig. 30); etc. C'est-à-dire que l'on réalise le roulement de l'arc CD contre l'arc AB, au moyen d'une suite de rotations infiniment petites, effectuées successivement autour des points 1 , 2 , 3 , ... , par lesquels se touchent successivement les deux arcs.

(1) La coïncidence ne peut, sur la figure, avoir lieu réellement, puisque les arcs n'y sont pas infiniment petits.

Ces points 1 , 2 , 3 , ... sont ainsi, pour l'arc cd, des centres instantanés de rotation ; d'où il résulte que , pendant le roulement de cd contre ab (fig. 31), tout point m

Fig. 31.

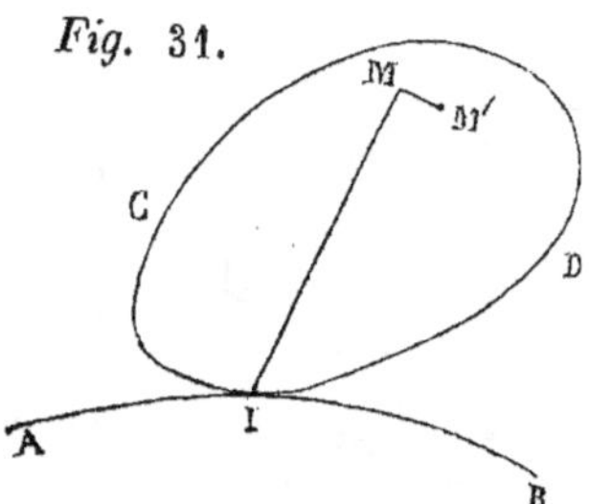

appartenant à cd ou lié d'une manière invariable avec cd , peut être considéré , pendant un temps infiniment court , comme tournant autour du point i de contact de cd avec ab , ou comme décrivant un chemin élémentaire mm′ perpendiculaire à la droite mi.

54. *Glissement.* — On dit que les lignes ab et cd (fig. 32) *glissent* l'une contre l'autre, lorsque, une seule

Fig. 32.

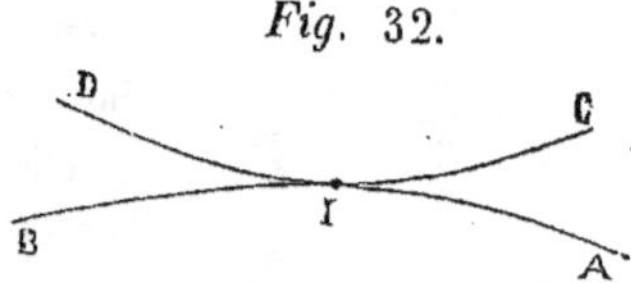

étant mobile ou toutes deux , le point i de contact occupe toujours la même position sur l'une d'elles , tandis qu'il se meut sur l'autre ; et l'on prend pour vitesse du glissement, la vitesse même avec laquelle se meut le point de contact sur celle des deux qu'il parcourt et que l'on considère comme fixe.

55. *Roulement et glissement.* — Dans tout autre cas du mouvement relatif des deux lignes l'une contre l'autre, on dit qu'il y a *roulement* et *glissement*.

56. *Arc et vitesse de glissement.* — Les deux lignes AB et CD (fig. 33) se touchant d'abord par les deux points I et I', supposons qu'après un certain temps elles se touchent par les points M et M' (fig. 34), de telle sorte que

Fig. 33.

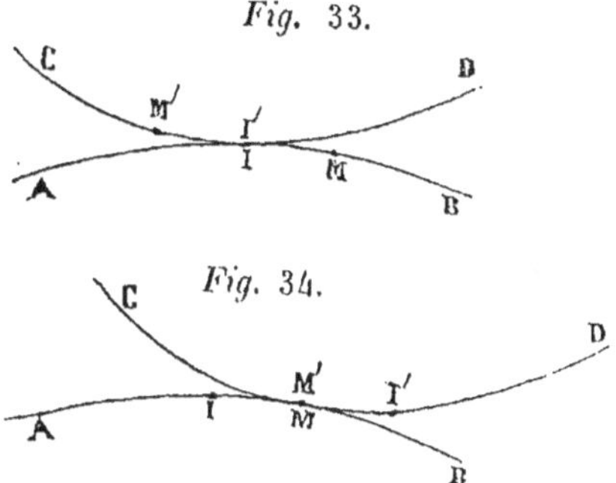

Fig. 34.

le contact ait parcouru l'arc IM sur la ligne AB, et l'arc I'M', en sens contraire, sur la ligne CD; la somme, IM + I'M', de ces deux arcs prend le nom d'*arc de glissement;* et, s'ils ont été parcourus pendant un temps t infiniment court, le rapport

$$\frac{IM + I'M'}{t}$$

constitue ce qu'on appelle la *vitesse de glissement* des deux lignes AB et CD l'une contre l'autre.

Si le point de contact a parcouru, sur les deux lignes AB et CD, et dans le même sens, des chemins inégaux

4

IM et I'M' (fig. 35 et 36), l'*arc de glissement* consiste

Fig. 35.

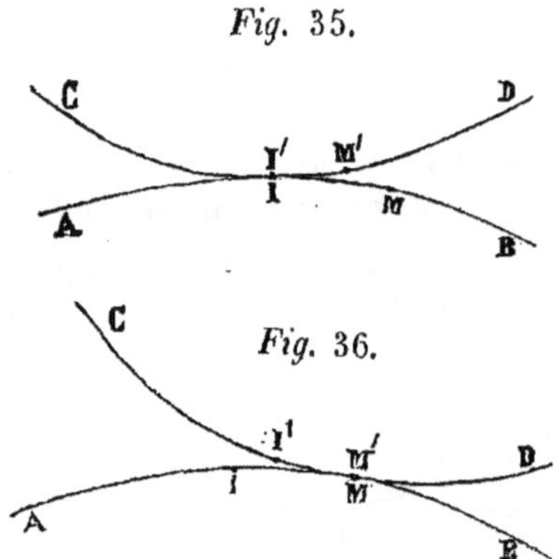

Fig. 36.

dans la différence, IM — I'M', de ces chemins; et la *vitesse de glissement* est égale au rapport

$$\frac{IM - I'M'}{t},$$

où t représente le temps infiniment court pendant lequel ont été parcourus simultanément les deux arcs IM et I'M'.

57. On voit que la vitesse de glissement est nulle si les deux chemins IM et I'M', parcourus dans le même sens, sont égaux; c'est en effet le cas où il y a simple roulement.

58. *Application.* — Deux cercles de rayons r et r', tangents extérieurement l'un à l'autre au point I (fig. 37), peuvent tourner respectivement autour de leurs centres C et C', le premier avec une vitesse angulaire a, dans le sens de la flèche f; le second avec une vitesse angulaire a', dans le sens de la flèche f', c'est-à-dire en sens contraire

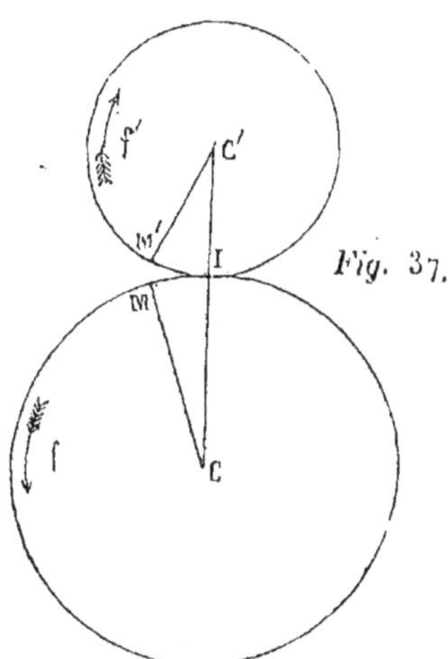

Fig. 37.

de l'autre cercle. Au bout du temps t, le point I de la circonférence C arrive en M, et le point I de la circonférence
C′, en M′. Le point de contact a ainsi parcouru simultanément l'arc MI sur la première circonférence, et l'arc M′I
sur la seconde ; ce que l'on peut exprimer encore, en disant que les deux arcs MI et M′I ont passé simultanément
au point I de contact. L'arc de glissement, au bout du
temps t, est alors égal à MI — M′I.

Si le temps t est infiniment court, le chemin angulaire
parcouru par la circonférence C est égal à $a.t$, et l'arc MI à
$r.a.t$; le chemin angulaire parcouru par la circonférence
C′ est égal à $a'.t$, et l'arc M′I à $r'.a'.t$. La différence de ces
deux arcs, ou le glissement élémentaire, est donc égale à

$$r.a.t - r'.a'.t ,$$

et la vitesse de glissement, égale à

$$r.a - r'.a'.$$

La condition nécessaire et suffisante pour que cette vitesse soit nulle à chaque instant, ou pour que les deux circonférences roulent l'une contre l'autre, est donc exprimée par l'égalité

$$ra = r'a'.$$

Cette égalité peut s'écrire

$$\frac{a}{a'} = \frac{r'}{r};$$

et on l'énonce en disant que le rapport des vitesses angulaires est constamment inverse de celui des rayons.

Il en serait de même si les deux circonférences se touchaient intérieurement, le sens de l'une des rotations devant être toutefois changé, ce qui fait que les deux rotations sont de même sens.

---

§ 8. APPLICATION DE LA THÉORIE DU ROULEMENT A L'ÉTUDE DE QUELQUES COURBES.

I. Cycloïde.

59. Un cercle de centre c (fig. 38) et d'un rayon cm égal à r, roule contre une droite xy située dans son plan. Un point m de sa circonférence participe à ce mouvement et occupe successivement différentes positions dans le plan. Si l'on suppose que ce point laisse partout derrière

Fig. 38.

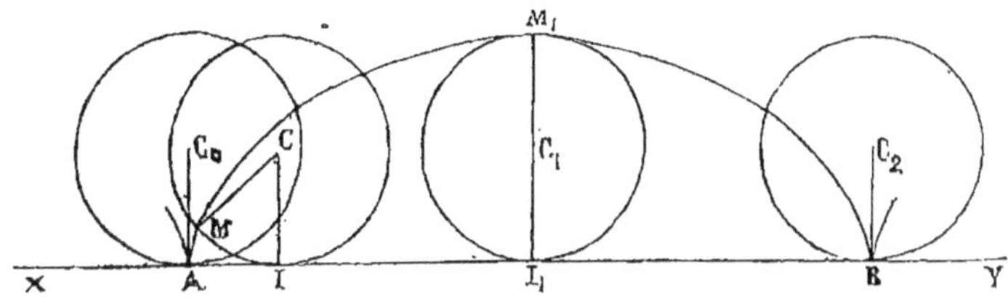

lui la trace de son passage, la ligne qu'il engendre, ou le *lieu géométrique* du point M, porte le nom de *cycloïde*.

60. Lorsque le point I de contact de la droite et du cercle, parti de la position que représente la figure, va de Y en X, l'angle ICM diminue; le point M se rapproche de la droite XY; et il la rencontre au point A, lorsque le centre C a pris une position C_0 pour laquelle l'angle ICM est nul, les deux côtés CI et CM se confondant avec C_0A.

Si le point I, au contraire, va de X en Y, l'angle ICM augmente; le point M s'écarte de XY; et il atteint son écartement maximum, $2r$, lorsque l'angle ICM devient égal à deux droits, le centre C ayant pris une position C_1 pour laquelle le rayon CM vient se placer en C_1M_1, sur le prolongement de C_1I_1.

Il résulte de la définition même du roulement, que, pour toutes les positions du cercle générateur, l'arc MI est égal à la droite AI : parce que MI et AI sont des chemins parcourus simultanément, sur la circonférence et sur XY, par le point I de contact. On en conclut, comme cas particulier, que AI_1 est égal en longueur à πr, ou à la demi-circonférence rectifiée.

Le centre c du cercle ayant pris la position c_1, si le cercle continue à rouler dans le même sens, le point M se rapproche de la droite XY, et il la rencontre en un certain point B pour lequel AB est égal à $2\pi r$, ou à la circonférence rectifiée. Alors le centre c se trouve en c_2, sur une même perpendiculaire à XY avec le point B.

61. On conçoit que, si le cercle continue à rouler dans le même sens, le point M engendrera un second arc de courbe partant du point B et égal à l'arc AMM_1B, puis un troisième, puis un quatrième, et ainsi de suite indéfiniment. On conçoit, de même, que, si l'on fait rouler le cercle en sens contraire, de manière à ramener le point M en A et à dépasser cette position, on obtiendra encore, au-delà de ce point A, une autre série d'arcs égaux à l'arc BM_1MA : en sorte qu'il suffit en réalité d'étudier les propriétés du seul arc AMM_1B.

62. Si l'on considère comme position initiale du cercle générateur, celle pour laquelle le centre c se trouve en c_1, on aperçoit que les deux arcs de cycloïde M_1A et M_1B peuvent être engendrés en faisant rouler le cercle contre la droite XY, dans un sens, puis dans l'autre ; et, ces deux modes de déplacement du cercle étant symétriques par rapport à la droite M_1I_1, on en peut conclure que la courbe elle-même est symétrique par rapport à cette droite, ou que les deux arcs M_1A et M_1B s'appliquent exactement l'un sur l'autre quand on replie la figure le long de M_1I_1.

Cette droite M_1I_1 est dite l'*axe* de la cycloïde ; le point M_1 en est le *sommet* ; A, l'*origine* ; et AB, la *base.*

63. Pour un déplacement infiniment petit du cercle générateur roulant contre XY (fig. 39), on a vu (n°. 53)

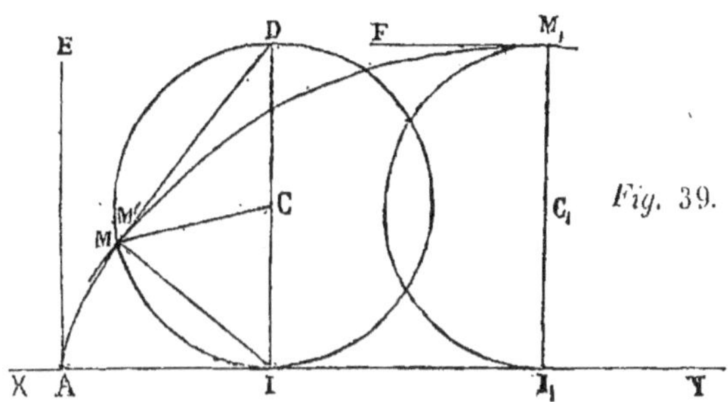

Fig. 39.

que le chemin élémentaire MM′ du point M est perpendiculaire à la droite menée de ce point au centre instantané I. Il en résulte que la droite MI est normale à la cycloïde au point M. Mais la droite MD, menée du point M à l'extrémité D du diamètre qui passe au point I, est perpendiculaire à MI, puisque l'angle IMD est inscrit dans une demi-circonférence. Cette droite MD n'est donc autre que l'élément MM′ prolongé, ou la tangente à la cycloïde au point M. On déduit de là un procédé géométrique pour obtenir la tangente en un point donné de la cycloïde.

64. L'angle IDM, que forme la tangente avec une perpendiculaire à la base, est la moitié de l'angle ICM. Or, cet angle ICM est nul quand le point M est en A, et il est égal à deux droits quand le point M est en M₁. L'angle de la tangente avec une perpendiculaire à la base est donc nul au point A, et droit au point M₁; c'est-à-dire qu'à l'origine A, la tangente AE est perpendiculaire à la base, et qu'au sommet M_1, cette tangente M_1F est parallèle à la base.

II. Épicycloïde.

65. On appelle *épicycloïde* la courbe engendrée par un point M d'un cercle de centre C roulant extérieurement (fig. 40) ou intérieurement (fig. 41) contre un autre cercle

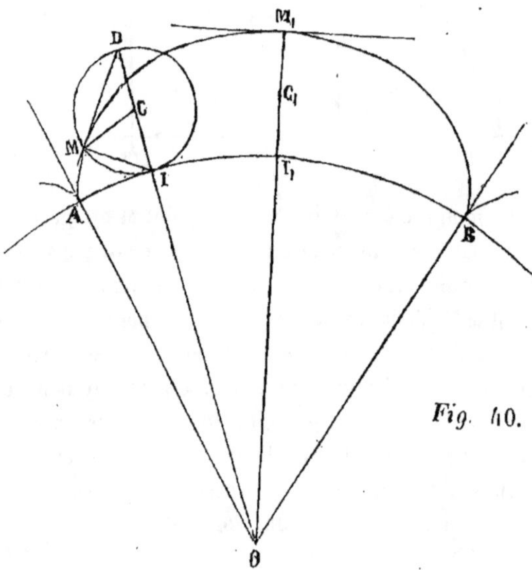

Fig. 40.

de centre O , situé avec le premier dans un même plan.

66. Le point M , coïncidant avec le point A de la circonférence O dans la position initiale du cercle générateur, s'éloignera d'abord de cette circonférence O. Sa distance à la circonférence deviendra maximum lorsque le rayon CM se placera sur le prolongement du rayon CI mené au

point de contact. Le point M , ensuite , se rapprochera de
la circonférence o, et viendra la rencontrer en un point B

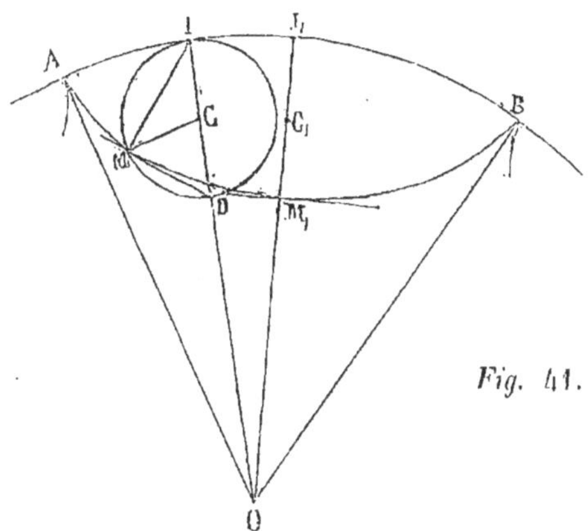

Fig. 41.

tel que l'arc AB de la circonférence o soit égal en longueur
à la circonférence c.

On aura ainsi obtenu un arc AMB, ayant pour *origine*
le point A ; pour *axe,* la droite OC_1 qui passe par le point
o et par le milieu I_1 de l'arc AB; pour *sommet,* le point M_1
de rencontre de la courbe avec OC_1 ; et, si l'on fait rouler
indéfiniment le cercle c contre le cercle o, dans un sens
ou dans l'autre, on obtiendra généralement , pour lieu géométrique du point M, un nombre indéfini d'arcs tous
égaux à l'arc AMB et placés bout à bout.

67. A quelqu'instant que l'on considère le point M
générateur, son déplacement élémentaire est, on le sait ,
perpendiculaire à la droite qui joint ce point M au centre
instantané I. La tangente à la trajectoire, au point M , est

donc perpendiculaire à la droite MI; ce n'est, par conséquent, autre chose que la droite MD menée du point M à
l'extrémité D du diamètre qui passe au point I, puisque
l'angle DMI est droit. Par là se trouve obtenue la tangente
en un point quelconque de l'épicycloïde.

68. Au point A, l'angle IDM, moitié de l'angle ICM,
est nul; en sorte que la tangente à l'épicycloïde en ce
point est normale à la circonférence O. Au point M_1, l'angle
IDM est droit; la tangente à l'épicycloïde en ce point est
donc perpendiculaire à la droite OM_1.

69. *Problême.* — Un cercle de centre C (fig. 42) et

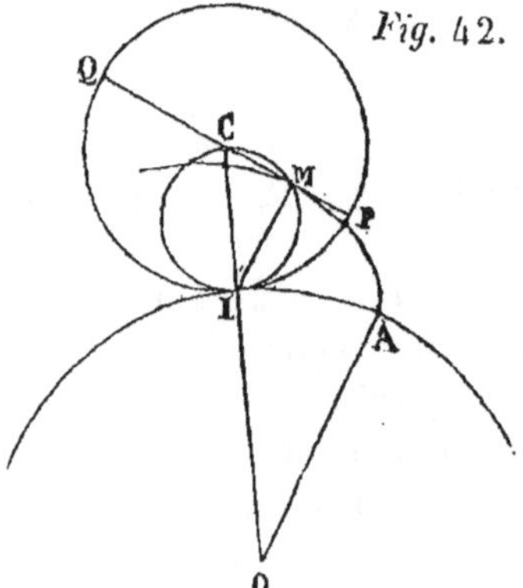

Fig. 42.

dont PQ est un diamètre, roule contre un autre cercle
de centre O. Du point I de contact des deux cercles on
abaisse, à chaque instant, sur le diamètre PQ, la perpendiculaire IM. On demande de déterminer le lieu géométrique du pied M de cette perpendiculaire.

Soit considérée comme position initiale du cercle C la

position dans laquelle l'une des extrémités, P, du diamètre
PQ se trouve sur le cercle O, au point A, qui fait d'ailleurs
partie du lieu géométrique cherché. A chaque instant,
l'on a

$$\text{arc } IP = \text{arc } IA.$$

Soit construit le cercle des trois points I, C, M, lequel
a CI pour diamètre. L'angle ICP, comme inscrit dans
ce cercle, a pour mesure

$$\frac{\text{arc } IM}{\text{diamètre } IC}.$$

D'une autre part, ce même angle ICP, ayant son
sommet au centre du cercle C, a pour mesure

$$\frac{\text{arc } IP}{\text{rayon } IC}.$$

Si l'on compare ces deux expressions de la mesure du
même angle, on en conclut

$$\text{arc } IM = \text{arc } IP,$$

et, par conséquent,

$$\text{arc } IM = \text{arc } IA.$$

On peut donc encore définir la ligne AM, en disant que
c'est le lieu géométrique du point M d'un cercle de diamètre IC, qui roule contre le cercle O, ce point M se trou-
vant en A à l'époque initiale. Or, on sait que ce lieu géométrique est, par définition, une épicycloïde; et l'on voit
que cette épicycloïde, d'origine A, a pour diamètre du
cercle générateur le rayon du cercle mobile donné.

III. Développante de cercle.

70. On donne le nom de *développante de cercle* au lieu géométrique du point M d'une droite EF (fig. 43)

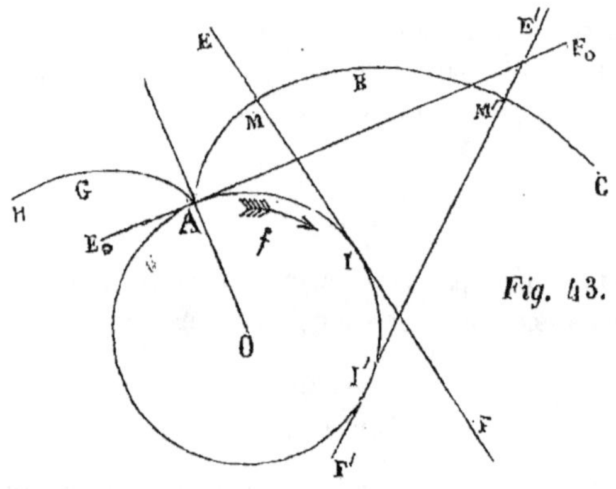

qui roule contre un cercle O.

71. Le point I de contact de la droite et du cercle, parcourant, sur la droite et sur le cercle, des chemins égaux et de même sens, la longueur MI augmente ou diminue, selon que le point I se meut dans le sens de la flèche *f* ou dans un sens contraire; et, par suite, le point M s'éloigne du centre O du cercle, ou s'en rapproche. Si le point de contact tourne indéfiniment sur le cercle, dans le sens de la flèche *f*, le point M tourne lui-même indéfiniment autour du centre O et s'en éloigne indéfiniment. Si le contact se déplace en sens contraire, la longueur MI diminue. Elle devient nulle pour une certaine position E_0F_0 de la droite EF, dans laquelle le point M se trouve en A, sur le cercle. On a ainsi une branche indéfinie de courbe, ABC, partant du point A.

Si l'on considère E_0F_0 comme la position initiale de la droite mobile EF, on pourra faire rouler cette droite EF contre le cercle, soit dans le sens f, soit dans le sens contraire : ce qui fournira, pour lieu géométrique du point M, soit la branche ABC déjà obtenue, soit une autre branche AGH symétrique de la première par rapport à la droite OA. L'ensemble de ces deux branches indéfinies constitue la développante du cercle.

72. Quelle que soit la position de la tangente EF, le point I est le centre instantané de la rotation, et, par conséquent, la droite MI est normale à la développante, au point M. Ainsi, les tangentes du cercle sont des normales de la développante.

73. On en conclut, en particulier, que la développante rencontre perpendiculairement le cercle au point A.

74. Lorsque la droite mobile passe de la position E_0F_0 à la position EF, le contact parcourt simultanément les chemins MI et AI, sur la droite et sur le cercle. Il en résulte que l'arc AI est égal en longueur à la normale MI.

75. Pour une autre position $E'F'$ de la tangente, on a de même l'arc AI$'$ égal à la normale M$'$I$'$. On en conclut que l'arc II$'$, différence des arcs AI et AI$'$, est égal à la différence des normales MI et M$'$I$'$, menées à la développante par les deux extrémités de cet arc II$'$.

IV. De la cycloïde et de la développante de cercle, considérées comme des cas particuliers de l'épicycloïde.

76. Le point o (fig. 44) étant le centre de la circon-

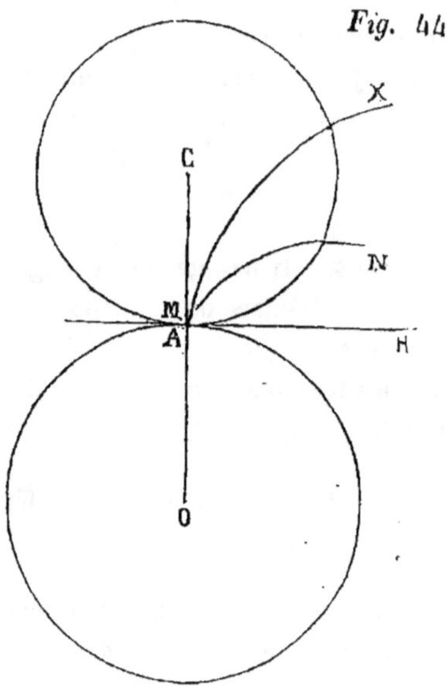

férence fixe, et oa son rayon ; c étant le centre de la circonférence mobile, et m le point générateur qui part de la
position a pour décrire l'épicycloïde an : supposons que
le rayon oa croisse indéfiniment, la tangente ah restant
fixe et le centre o s'éloignant indéfiniment. La courbure
de la circonférence o ira toujours en diminuant ; et , de

part et d'autre du point A, cette circonférence O approchera de plus en plus de se confondre avec sa tangente AH.
Par suite, le lieu géométrique, AN, du point M de la circonférence C qui roule contre la circonférence O, approchera
de plus en plus de se confondre avec le lieu géométrique,
AX, du point M de la circonférence C qui roulerait contre la
tangente AH. On exprime cette circonstance en disant que
ce dernier lieu géométrique, ou la cycloïde, est une épicycloïde engendrée par le roulement de la circonférence C
contre une autre circonférence O d'un rayon infini.

77. Supposons maintenant (fig. 45) que, le rayon de

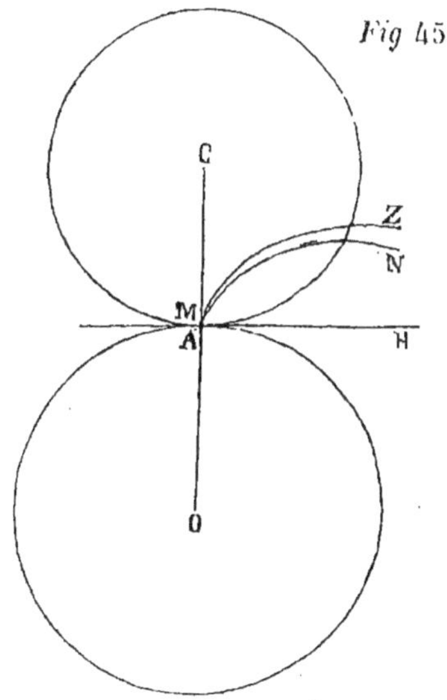

la circonférence O restant invariable, le rayon de la cirférence c croisse indéfiniment, le centre c s'éloignant indéfiniment. La courbure de la circonférence c ira toujours en diminuant; et, de part et d'autre du point M, cette circonférence approchera de plus en plus de se confondre avec sa tangente MH. Le lieu géométrique, AN, du point M de la circonférence c qui roule contre la circonférence O, approchera donc de plus en plus de se confondre avec le lieu géométrique, AZ, du point M de la droite MH qui roulerait contre la circonférence O. On exprime cette circonstance en disant que ce dernier lieu géométrique, ou la développante du cercle, est une épicycloïde engendrée par le roulement, contre la circonférence O, d'une circonférence c d'un rayon infini.

78. Cette manière de considérer la cycloïde et la développante de cercle permet, dans certains cas, d'étendre à ces deux courbes, les propriétés établies pour l'épicycloïde.

---

§ 9. DU MOUVEMENT AUTOUR D'UN POINT, ET DU MOUVEMENT SUR UNE SPHÈRE.

79. On dit qu'un corps se meut en tournant autour d'un point fixe O, lorsque, pendant le mouvement, tous les points du corps restent toujours situés à la même distance du point fixe.

80. Concevons qu'une sphère de centre O et d'un rayon choisi arbitrairement, détermine dans ce corps une section

GH (fig. 46). En même temps que le corps tourne autour du point O, la figure GH se déplace sur la sphère ; et le

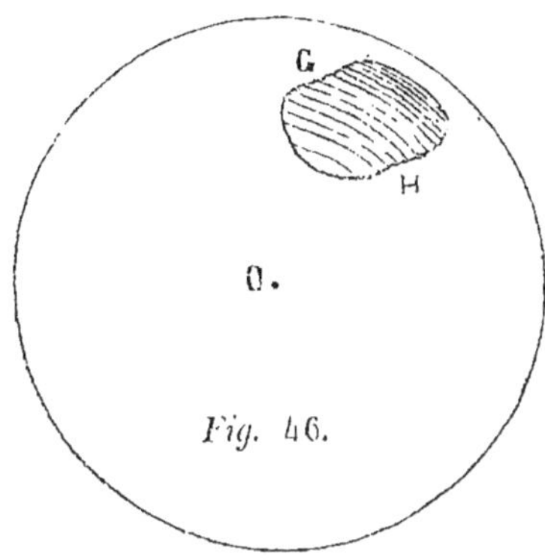

Fig. 46.

mouvement de la figure GH sur la sphère fait connaître le mouvement du corps autour du point O. Ainsi, l'étude du mouvement d'un corps autour d'un point fixe se ramène à l'étude du mouvement d'une figure sphérique sur sa propre sphère.

81. Les corps dont nous étudierons le mouvement autour d'un point fixe O, seront généralement limités par des surfaces coniques (1), ayant leur sommet en ce point ; et

(1) On donne le nom de *cône* ou de *surface conique* à la surface s (fig. g) engendrée par une droite OA qui se meut en passant constamment par un point fixe O. Ce point est dit le *sommet* du cône, et les positions successives de la droite OA constituent les *génératrices* du cône. Un cône est déterminé quand on donne son sommet O et la ligne courbe GH suivant laquelle il coupe une sphère dont le centre coïncide avec ce sommet. Nous donnerons à cette ligne le nom de

la section L, faite par la sphère dans l'une de ces surfaces, déterminera complètement la surface, puisque celle-ci serait engendrée par une droite issue du point donné o, et glissant contre la ligne L. Si cette section L est une circonférence de cercle, la surface conique est celle d'un cône circulaire droit.

82. La position d'une figure L sur une sphère est déterminée lorsqu'on donne la position de deux de ses points A et B; en sorte qu'on peut, par la pensée, réduire la figure à l'arc de grand cercle AB qui joint ces deux points,

directrice sphérique, parce qu'étant située sur la sphère, elle dirige le mouvement de la droite oA, pendant la génération du cône ; et nous

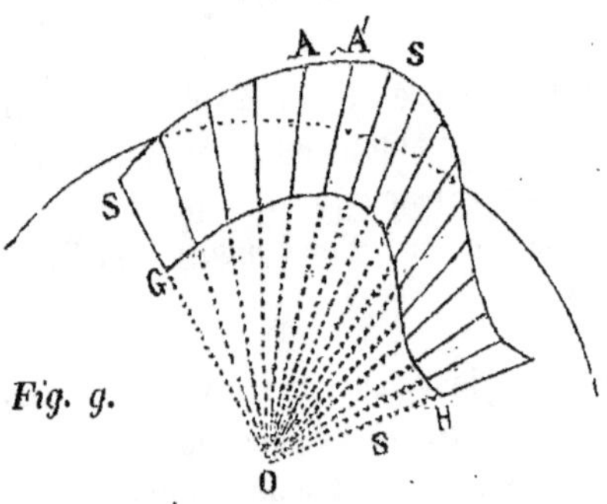

remarquerons que, si la directrice EH diffère d'une circonférence de cercle, elle peut, au moyen de quatre de ses points non situés dans un même plan, servir à retrouver le centre de la sphère, et par conséquent le sommet o, sans qu'il soit nécessaire de le donner explicitement.

On dit qu'un plan est *tangent* au cône le long de la génératrice oA, lorsqu'il passe par la droite oA et par une autre génératrice oA', infiniment voisine de la première.

et étudier le mouvement de cette ligne, pour connaître
celui de la figure L.

83. Si l'on considère une même figure dans deux positions distinctes, on peut toujours l'amener, de la première position AB (fig. 47), à la seconde A′B′, au moyen
d'une rotation effectuée autour d'un certain point de la
sphère, pris pour pôle.

Que l'on mène, en effet, les arcs de grand cercle AA′ et
BB′, et que, par les milieux C et D de ces arcs, on élève
perpendiculairement les arcs de grand cercle CP et DP se
rencontrant au point P, les deux triangles sphériques PAB
et PA′B′, formés en joignant le point P aux points A, B,

Si deux cônes ont même sommet o (fig. *h*), et si leurs directrices

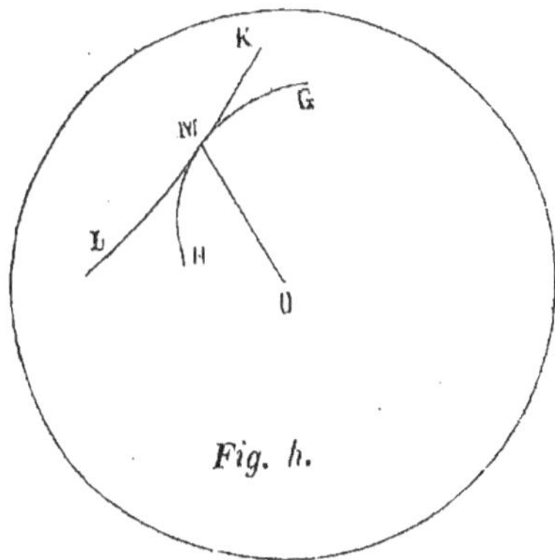

Fig. h.

GH et KL, situées sur la même sphère de centre o, se touchent en un
point M, la droite OM appartient à la fois aux deux cônes, qui
ont même plan tangent le long de cette génératrice, et sont dits *tangents* l'un à l'autre suivant cette génératrice.

A′ et B′, sont égaux, comme ayant leurs côtés égaux deux
à deux et disposés de la même manière ; en sorte que, si

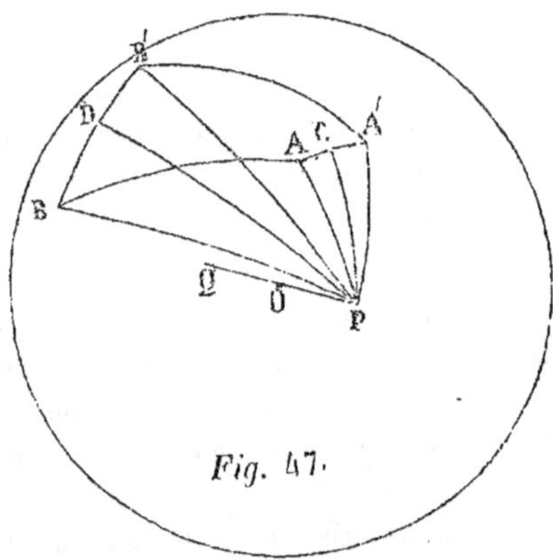

Fig. 47.

l'on fait tourner convenablement le premier autour du
point P, pris pour pôle, on peut l'appliquer sur le second,
ce qui amène AB sur A′B′.

Cette rotation effectuée autour du point P, pris pour pôle,
équivaut à une rotation effectuée autour du diamètre PQ,
passant au point P, et qui serait pris pour axe.

84. On pourrait, au moyen du théorème que l'on vient
de démontrer, établir, pour les *pôles instantanés* ou pour
es *axes instantanés* de rotation, des propriétés analogues
à celles qui ont été établies précédemment, pour les
centres instantanés de rotation, dans le cas du mouvement d'une figure plane dans son plan.

85. Lorsque deux lignes, situées sur une même sphère,
se meuvent en restant toujours en contact, il peut y avoir

roulement et glissement de ces deux lignes l'une contre
l'autre ; il peut y avoir aussi simple roulement. Ce dernier
cas se présente quand le point de contact parcourt des
chemins égaux sur les deux lignes.

86. Supposons que les deux lignes qui roulent l'une
contre l'autre, consistent dans deux circonférences de centres
c et c' (fig. 48), et de rayons r et r'. Si la circonférence c

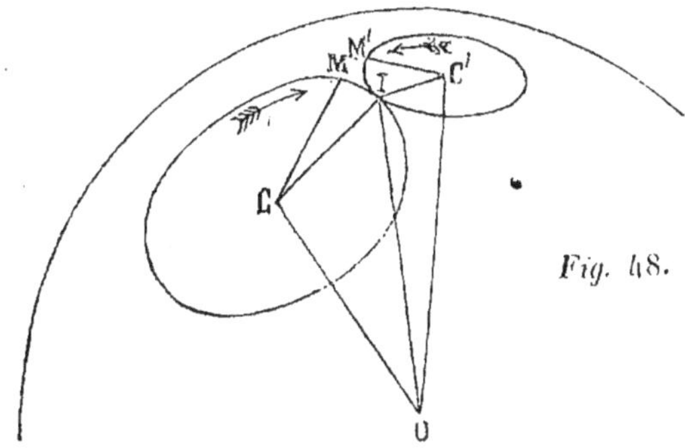

Fig. 48.

est fixe, tout point de la circonférence mobile c' décrit sur la
sphère une courbe qui prend le nom d'*épicycloïde sphérique* ·

87. Les centres c et c' (fig. 48) étant supposés fixes,
concevons que les deux circonférences tournent respectivement autour des droites oc et oc', en roulant l'une contre
l'autre. Si l'on prend sur ces deux circonférences, à
partir du point I de contact, et en sens contraire de celui
des rotations, les arcs IM et IM' égaux entre eux et infiniment petits, les points M et M' ainsi obtenus viennent
simultanément passer au point I, au bout d'un temps infiniment court. Les angles ICM et IC'M' mesurent les rotations

infiniment petites effectuées simultanément autour des axes OC et OC′ ; et, si a et a' représentent les vitesses angulaires de ces rotations, on a (n°. 13)

$$\frac{a}{a'} = \frac{\mathrm{ICM}}{\mathrm{IC'M'}} \,.$$

Mais

$$\mathrm{ICM} = \frac{\mathrm{IM}}{r} \,;\; \mathrm{IC'M'} = \frac{\mathrm{IM'}}{r'} \,.$$

Il en résulte, vu l'égalité des arcs IM et IM′,

$$\frac{a}{a'} = \frac{r'}{r} \,;$$

c'est-à-dire que les vitesses de rotation des deux circonférences sont inversement proportionnelles à leurs rayons.

88. Cette condition ne serait pas remplie, s'il y avait glissement des deux circonférences l'une contre l'autre. Elle est donc, non-seulement nécessaire, mais encore suffisante.

89. On peut considérer les cercles C et C′ comme les bases de deux cônes circulaires droits, ayant pour sommet commun le point O, et pour hauteurs les droites OC et OC′. Ces deux cônes se touchent suivant la génératrice OI ; et l'on dit qu'ils *roulent* l'un contre l'autre en même temps que les circonférences elles-mêmes, c'est-à-dire, toutes les fois que les vitesses de rotation, constantes ou variables, satisfont à la condition

$$\frac{a}{a'} = \frac{r'}{r} \,.$$

§ 10. DES GUIDES DU MOUVEMENT, ET DES LIAISONS MUTUELLES.

I. Des guides du mouvement pour un corps solide.

90. Jusqu'à présent nous avons étudié certains mouvements particuliers des corps solides, sans nous préoccuper des conditions dans lesquelles ces mouvements peuvent être réalisés. Nous allons, en conséquence, placer ici quelques indications générales, qui ont seulement pour objet d'établir à un point de vue géométrique, les principes sur lesquels on s'appuie pour *guider* les corps solides dans leurs mouvements, c'est-à-dire, pour les assujettir à suivre dans l'espace un chemin déterminé, exclusivement à tout autre chemin.

91. *Guides du mouvement de translation rectiligne.* — Concevons que deux prismes égaux, l'un plein et l'autre creux, coïncident par leurs faces latérales, le second étant ouvert par ses bases. Si l'un des deux est fixe, l'autre ne peut que glisser parallèlement aux arêtes latérales; et, si l'on rattache d'une manière invariable le prisme mobile à un corps solide donné, on imposera, par cela même, au corps solide, ce mouvement de translation rectiligne, dont la direction est déterminée, mais dont la vitesse reste arbitraire. Les surfaces latérales des deux prismes constituent les *guides* du mouvement.

D'ailleurs, pour que le mouvement de translation rectiligne soit assuré, il suffit que les prismes coïncident par quelques-unes de leurs faces, trois au moins, inclinées deux à deux l'une à l'autre , les autres faces pouvant alors être supprimées ou modifiées arbitrairement.

Ces prismes peuvent aussi se transformer en des cylindres pleins , glissant dans l'intérieur de cylindres creux égaux , on dans l'intérieur de prismes creux dont chaque face leur est tangente : en exceptant toutefois le cas d'un cylindre circulaire droit unique , comme il résulte de ce que l'on va voir.

92. *Guides du mouvement de rotation autour d'un axe fixe, ou articulation sur une droite.* — Si une surface de révolution (1) tourne sur son axe, il est évident que, dans

(1) On peut définir une *surface de révolution* en disant qu'elle est engendrée par une ligne plane GH (fig. *i*), tournant autour d'une droite XY située dans son plan. Les différents points M, N, P, ... de la ligne GH décrivent des circonférences dont les plans sont perpendiculaires à l'axe, qui ont leurs centres m, n, p, ... situés sur l'axe, et qui sont dites les *parallèles* de la surface de révolution. Les positions successives GH, G_1H_1, G_2H_2, ... de la génératrice sont dites les *méridiens* de la surface.

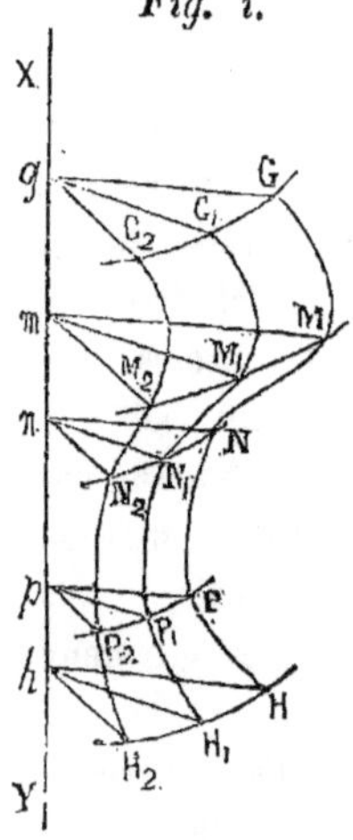

Si la génératrice est une droite rencontrant l'axe, la surface est un cône circulaire droit. C'est un cylindre circulaire droit, si la génératrice est une droite parallèle à l'axe.

Dans le cas où la génératrice est une ligne courbe , le plan mené par un point M de la surface de révolution , suivant la tangente au

toutes ses positions, elle coïncide avec sa position primitive ; elle continue donc, aussi, dans toutes ses positions, à toucher les plans qu'elle touchait d'abord.

Cela posé, concevons que deux solides, l'un plein et l'autre creux, soient limités par des surfaces de révolution, non sphériques, qui coïncident; de telle sorte que le premier soit logé dans le second, sans en être néanmoins enveloppé de toutes parts. Si l'un d'eux est fixe, l'autre ne peut que tourner autour de leur axe commun. On assujettira donc un corps solide quelconque à tourner autour d'une droite donnée, en le rattachant d'une manière invariable à celui des deux solides de révolution qui est mobile, et disposant l'autre de manière que son axe de figure coïncide avec la droite donnée. Les deux surfaces de révolution constituent les *guides* du mouvement, et leur assemblage prend le nom d'*articulation*.

On peut d'ailleurs substituer au solide creux un polyèdre touchant, par quatre faces au moins, le solide plein.

93. Deux cas particuliers méritent d'être mentionnés, à savoir : 1°. celui d'un cône circulaire droit, plein, tournant dans l'intérieur d'un cône creux égal ; 2°. celui, le plus usité de tous, d'un cylindre circulaire droit, plein, tournant dans l'intérieur d'un cylindre creux égal, ou dans l'intérieur d'un prisme creux dont les faces lui sont tangentes. Toutefois, dans ces deux cas, les guides du mou-

méridien qui passe au point M, et perpendiculairement au plan de ce méridien, est dit *tangent* à la surface au point M, parce que tous les points de la surface, qui avoisinent le point M, sont généralement situés du même côté de ce plan.

vement laissent facultatifs des déplacements parallèles à l'axe. Il importe donc de prévenir de pareils déplacements, par l'addition d'autres guides, consistant ordinairement dans des plans fixes perpendiculaires à la direction de l'axe et contre lesquels bute le corps mobile.

94. *Guides du mouvement autour d'un centre fixe, ou articulation sur un point.* — De quelque manière qu'une sphère tourne autour de son centre, il est évident qu'elle coïncide toujours avec sa position primitive, et qu'elle reste toujours tangente aux plans qu'elle touchait d'abord.

Cela posé, imaginons une sphère pleine, logée dans une cavité polyédrique dont les différentes faces touchent la sphère sans l'envelopper de toutes parts. Rattachons d'une manière invariable à la sphère le corps donné, en supposant la cavité polyédrique rendue fixe; ou bien, fixons la sphère et pratiquons la cavité dans le corps donné. Quelle que soit celle des deux dispositions que l'on adopte, le corps ne pourra plus que tourner autour du centre de la sphère. La sphère et son enveloppe polyédrique constitueront alors les *guides* du mouvement, et l'*articulation* consistera dans leur assemblage.

On peut encore prendre pour guides une sphère pleine, logée dans une cavité sphérique de même rayon, cette cavité n'enveloppant pas la sphère de toutes parts, afin de permettre l'attache de celle-ci aux obstacles fixes ou au corps mobile.

95. Quoi que l'on fasse d'ailleurs, on ne réalisera ainsi que d'une manière imparfaite la liaison qu'on a en vue d'établir : car il faudrait que la sphère fût exempte de toute attache, pour permettre tout mouvement autour de son centre. Aussi substitue-t-on des axes d'articulation aux centres d'articulation, toutes les fois qu'on le peut.

II. Des liaisons mutuelles entre corps solides mobiles.

96. Les dispositions qui viennent d'être décrites, et qui servent à relier à des obstacles fixes un corps solide mobile, de manière à déterminer le chemin qu'il doit suivre, peuvent également servir à relier entre eux, deux corps solides mobiles. Ainsi, les guides du mouvement rectiligne permettent le va-et-vient d'un piston dans un corps de pompe mobile ; une articulation sur une droite relie entre elles les deux branches mobiles d'un compas ; une articulation sur un point peut servir à relier une manivelle à une bielle située en-dehors du plan de la rotation, et de direction variable.

97. On peut, en réunissant plusieurs axes d'articulation, obtenir un déplacement arbitraire d'un corps solide autour d'un centre fixe. Soit, en effet, o (fig. 49) ce centre de rotation ; oA, une droite fixe passant par ce point. Imaginons un premier corps solide, mobile autour de l'axe oA ; et, dans ce corps, une droite oB perpendiculaire à oA. Assujettissons un second corps solide à tourner autour de la droite oB prise pour axe ; et menons, dans ce nouveau corps, une droite oc perpendiculaire à l'axe oB.

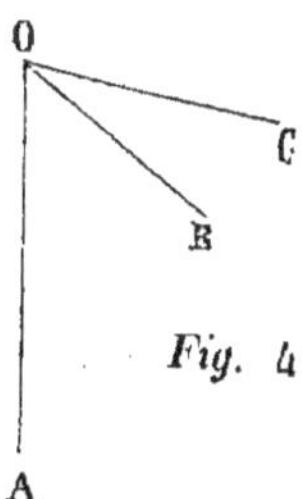

Fig. 49.

Concevons enfin un troisième corps solide, mobile autour de la droite oc. Il est évident que ce troisième corps pourra prendre, autour du point o, toutes les positions : car deux rotations, l'une autour de oa, l'autre autour de ob, amèneront la droite oc dans telle direction que l'on voudra lui assigner ; puis, une dernière rotation, ayant oc pour axe, fera prendre au troisième corps telle position que l'on voudra autour de cette droite.

SECONDE PARTIE.

TRANSFORMATION DU MOUVEMENT

DANS LES MACHINES.

CLASSIFICATION DES TRANSFORMATIONS DE MOUVEMENT.

98. Les seuls mouvements que l'on entreprendra de transformer l'un dans l'autre, sont les translations rectilignes et les rotations autour d'axes fixes. Tout corps solide, animé de l'un de ces mouvements, pourra donc être au besoin réduit à un seul de ses points, dont le mouvement déterminera le mouvement du corps auquel il appartient, et sera nécessairement rectiligne ou circulaire.

99. On distinguera trois sortes de transformations, dont on formera trois séries distinctes, renfermant : la première, les transformations entre mouvements rectilignes; la seconde, les transformations entre mouvements circulaires; la troisième, les transformations entre mouvements rectilignes et mouvements circulaires.

100. Les transformations propres à chacune de ces

séries pourront être avantageusement groupées d'après le mode de transmission du mouvement, de l'un des corps à l'autre : cette transmission s'effectuant, soit par le contact immédiat des deux corps, soit au moyen de corps solides auxiliaires, soit au moyen d'intermédiaires flexibles.

101. Tout mouvement, qu'il soit rectiligne ou circulaire, sera dit *continu*, s'il s'effectue toujours dans le même sens sur sa trajectoire ; il sera dit *alternatif*, s'il s'effectue alternativement dans un sens et dans l'autre.

102. Dans chacun des groupes qui précèdent, on pourra donc avoir à considérer des transformations entre mouvements continus, des transformations entre mouvements continus et mouvements alternatifs, des transformations entre mouvements alternatifs.

103. Laissant généralement de côté, dans ce qui va suivre, tout détail d'application ; écartant toute considération dynamique ; et réduisant les corps en mouvement à de simples figures, invariables de forme et impénétrables les unes aux autres : on étudiera seulement, parmi les transformations les plus usuelles, celles qui méritent le plus de fixer l'attention, par les propriétés géométriques sur lesquelles elles reposent ; et l'on recherchera, dans chaque cas, le rapport des vitesses des deux mouvements qui se transforment l'un dans l'autre. On sait que ce rapport est indépendant des vitesses absolues des mobiles (n°. 8), et susceptible d'être déterminé *a priori*.

LIVRE PREMIER.

104. Deux corps solides sont assujettis à glisser parallèlement à des directions données. On veut relier ces deux corps l'un à l'autre, de manière que le mouvement de translation de l'un détermine le mouvement de translation de l'autre.

Dans un grand nombre de cas, on relie ces deux corps à un troisième, qui reçoit du premier un mouvement circulaire et communique au second un mouvement rectiligne ; c'est-à-dire que, prenant pour intermédiaire le mouvement circulaire, on transforme le premier mouvement rectiligne dans un mouvement circulaire, et celui-ci dans le second mouvement rectiligne. Nous aurons, en conséquence, peu de chose à dire ici sur la transformation de deux mouvements rectilignes, le troisième livre renfermant implicitement les principales solutions de ce problème. Nous allons seulement établir certaines propriétés relatives à la transmission du mouvement rectiligne, dont quelques-unes, ayant leurs analogues dans le cas du mouvement circulaire, en faciliteront l'étude.

CHAPITRE Jer.

TRANSMISSION DU MOUVEMENT PAR CONTACT IMMÉDIAT.

105. Supposant les translations non parallèles, représentons leurs directions respectives par les droites oz et

oz′ (fig. 50), données dans le plan de la figure. Supposons, en outre, les deux corps terminés par des surfaces

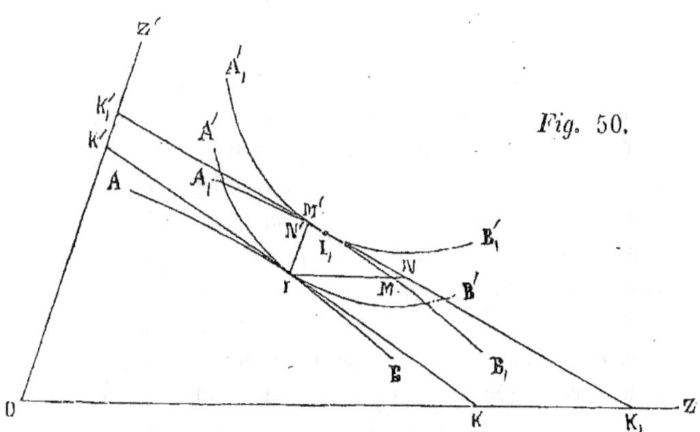

Fig. 50.

cylindriques perpendiculaires à ce plan, qui les rencontre
suivant les lignes AB et A′B′.

Le cylindre AB se meut parallèlement à oz; il rencontre
sur son chemin le cylindre A′B′, et le chasse devant lui
pour continuer sa route. Le cylindre A′B′ se déplace donc
en prenant le seul mouvement qui lui soit permis, à savoir
un mouvement de translation parallèle à oz′. La transmission du mouvement rectiligne est ainsi réalisée.

106 *Vitesses relatives de translation.* — On se propose de déterminer, d'abord, pour une position particulière quelconque du système, le rapport des vitesses de
translation, v et $v′$, des deux cylindres en contact, AB et
A′B′.

Soit, après un déplacement infiniment petit du système,

A_1B_1 et $A_1'B_1'$ les positions que viennent prendre respectivement les lignes AB et A'B'. Soit I le point de contact de ces deux lignes avant le déplacement; I_1 le nouveau point de contact après le déplacement; IK la tangente commune en I, laquelle rencontre, aux points K et K', les droites OZ et OZ'; I_1K_1 la tangente commune en I_1, rencontrant, en K_1 et K_1', les mêmes droites OZ et OZ'.

Le déplacement subi par le système étant infiniment petit, les points I et I_1 sont infiniment voisins, et les droites IK et I_1K_1 forment entre elles un angle infiniment petit (1).

Menons, par le point I, une droite parallèle à OZ, qui coupe en M la ligne A_1B_1, et en N la tangente I_1K_1; menons, par le même point I, une droite parallèle à OZ', qui coupe en M' la ligne $A_1'B_1'$, et en N' la tangente I_1K_1. Dans le même temps infiniment court, le point I, considéré comme appartenant à la ligne AB, se transporte en M; tandis que ce point I, considéré comme appartenant à la ligne A'B', se transporte en M'. Il en résulte que IM et IM' sont les chemins élémentaires simultanés parcourus par les deux cylindres; et que l'on a (n°. 7) l'égalité

$$\frac{v}{v'} = \frac{IM}{IM'} \,.$$

Mais, dans le voisinage du point I_1, les lignes A_1B_1 et $A_1'B_1'$

(1) C'est là une conséquence immédiate de la continuité. Pendant toute la durée du mouvement du système, la position du point I de contact et la direction de la tangente commune IK varient d'une manière continue. Dans un intervalle de temps infiniment court, cette position et cette direction varient donc infiniment peu; c'est-à-dire que le point I_1 est infiniment voisin du point I, et que la droite I_1K_1 forme avec la droite IK un angle infiniment petit.

6

se confondant sensiblement avec leur tangente commune I_1K_1, le rapport $\dfrac{IM}{IM'}$ diffère infiniment peu du rapport $\dfrac{IN}{IN'}$; de plus, ce dernier est égal à $\dfrac{OK_1}{OK_1'}$, à cause de la similitude des triangles INN' et OK_1K_1' ; enfin, le rapport $\dfrac{OK_1}{OK'_1}$ diffère lui-même infiniment peu du rapport $\dfrac{OK}{OK'}$, puisque les tangentes IK et I_1K_1 sont sensiblement parallèles. On a donc

$$\frac{v}{v'} = \frac{OK}{OK'} ;$$

c'est-à-dire que les vitesses de translation sont directement proportionnelles aux longueurs des droites menées d'un même point O du plan, parallèlement à la direction de ces vitesses, jusqu'à la rencontre de la tangente commune.

107. *Vitesse de glissement.* — Pendant le déplacement infiniment petit du système, le point de contact parcourt l'arc MI_1 sur la ligne AB, et l'arc $M'I_1$ sur la ligne $A'B'$. Les points M et M' étant situés de part et d'autre du point I_1, on voit que le glissement élémentaire est égal (n°. 56) à la somme des arcs MI_1 et $M'I_1$, ou, sensiblement, au segment NN' de la tangente I_1K_1. Si donc u représente la vitesse de glissement, on a

$$\frac{u}{v} = \frac{NN'}{IN} ,$$

ou, ce qui revient au même, comme on l'aperçoit aisément,

$$\frac{u}{v} = \frac{KK'}{OK} .$$

Les vitesses v, v' et u sont donc proportionnelles aux trois côtés OK, OK' et KK' du triangle OKK'.

108. *Coin ou cale.* — Dans le cas particulier où les lignes AB et A'B' (fig. 51) se confondent avec leur tangente commune IK, c'est-à-dire dans le cas où les deux corps solides sont terminés par deux faces planes perpendiculaires au plan de la figure et appliquées l'une contre l'autre, il est facile de reconnaître que les vitesses v, v' et u sont dans un rapport constant : parce que, pendant le mouvement du système, la trace KK' de la face commune, sur le plan de la figure, conserve une direction constante. Tel est le principe du *coin* employé à produire un mouvement de translation.

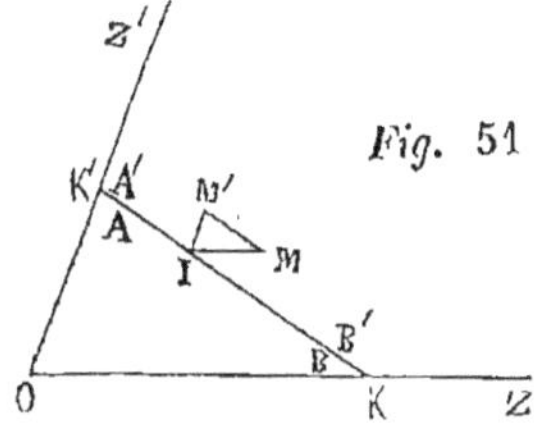

Fig. 51

109. La disposition précédemment décrite (n°. 105) ne peut servir qu'à la transmission d'un mouvement continu, puisque, si le mouvement de AB (fig. 50) change de sens, les deux cylindres se séparent. Il faudrait, pour que la transmission d'un mouvement alternatif fût possible, qu'une disposition convenable empêchât la séparation des deux cylindres, de telle sorte que A'B' dût rétrograder quand AB rétrograderait lui-même.

CHAPITRE II.

TRANSMISSION DU MOUVEMENT AU MOYEN D'UNE BIELLE.

110. Soit M (fig. 52) un point du premier corps, assujetti à glisser suivant AB; N un point du second corps, assujetti à glisser suivant CD. Une barre rigide est reliée à chacun de ces deux corps, à l'aide d'articulations qui ont pour centres (n°. 94) les points M et N. La distance MN

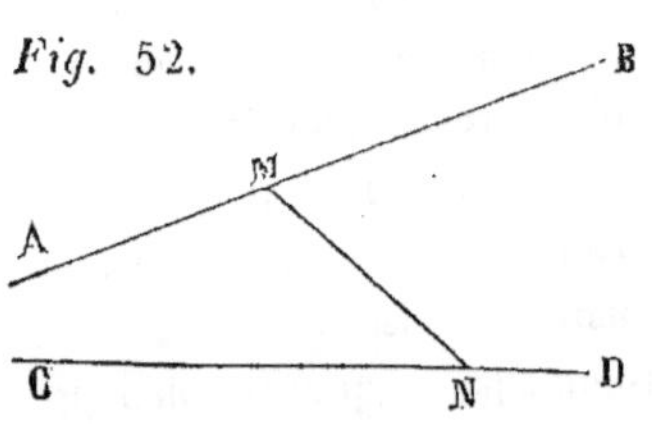

Fig. 52.

reste invariable; d'où résulte que le point M, en se déplaçant sur AB, détermine le mouvement du point N sur CD, et réciproquement. Cette barre porte le nom de *bielle*; nous la réduirons à la droite MN, de longueur l; et, de même, nous réduirons les deux corps solides aux seuls points M et N.

111. Dans le cas particulier où les deux droites AB et CD sont parallèles, si le point M se meut sur AB, dans un sens ou dans l'autre, la bielle se meut parallèlement à elle-même; le point N se déplace donc sur CD, dans le même sens que le point M sur AB, et avec la même vitesse. La bielle transmet alors le mouvement rectiligne, sans en modifier la vitesse; et le mouvement commun aux deux points M et N peut être alternatif ou continu.

112. Dans tout autre cas, les vitesses relatives des deux

points M et N varient, et ces points ne peuvent prendre
que des mouvements alternatifs.

113. Considérons seulement le cas le plus simple, où
les droites AB et CD (fig. 53), situées dans le même plan,
se coupent en un point O. Ce plan renferme la bielle MN ;
et l'on peut substituer aux centres d'articulation M et N, des
axes d'articulation (n°. 92) passant par ces deux points,
et perpendiculaires à ce plan.

114. *Vitesses relatives.* — Pour comparer les vitesses
des deux points M et N, lorsque la bielle occupe une posi-

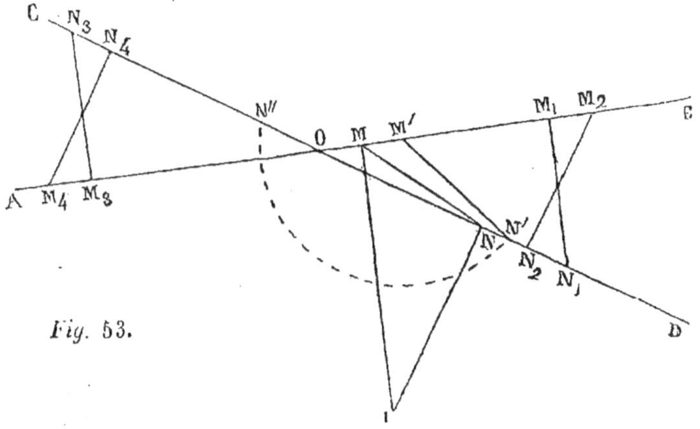

Fig. 53.

tion particulière quelconque, on détermine son centre
instantané de rotation, lequel est situé (n°. 46) au point
de concours des normales aux deux éléments décrits
par les deux points M et N, c'est-à-dire au point I de
rencontre des droites menées par les points M et N,

perpendiculairement aux droites AB et CD. On a alors
(n°. 47)

$$\frac{\text{vit. de M}}{\text{vit. de N}} = \frac{\text{IM}}{\text{IN}} \ ;$$

et le sens des déplacements simultanés des deux points M et
N est connu, puisque, pour un observateur placé en I,
ces déplacements sont de même sens.

115. *Points limites.* — Prenons sur la droite CD, de
part et d'autre de AB, deux points, N_1 et N_3, situés à la
distance l de AB : le point N de la bielle peut occuper, sur
CD, toutes les positions comprises entre N_1 et N_3, mais il
ne peut dépasser ces limites. Prenons de même sur la
droite AB, de part et d'autre de CD, deux points M_2 et M_4
situés à la distance l de CD : le point M de la bielle peut
occuper, sur AB, toutes les positions comprises entre M_2
et M_4, mais il ne peut dépasser ces limites. Menons les
droites N_1M_1 et N_3M_3 perpendiculaires sur AB, et les droites
M_2N_2 et M_4N_4 perpendiculaires sur CD : ces quatre droites
représentent les positions particulières de la bielle, qui
correspondent aux positions extrêmes de l'un des points
M ou N.

116. *Points morts.* — Le point M étant considéré dans
l'une quelconque des positions qu'il peut prendre, faisons-
lui subir un déplacement infiniment petit MM', sur la droite
AB ; et, pour obtenir la nouvelle position que le point N vient
occuper sur la droite CD, déterminons les points N' et N''
de rencontre de cette droite avec une circonférence de
centre M' et d'un rayon égal à l. En général, un seul de ces
deux points, ici le point N', est infiniment voisin du point

N. Il répond donc seul au déplacement infiniment petit du point N : ce qui fait connaître, sans ambiguité, la nouvelle position M′N′ de la bielle.

Toutefois, dans le cas où l'on considère (fig. 54) un

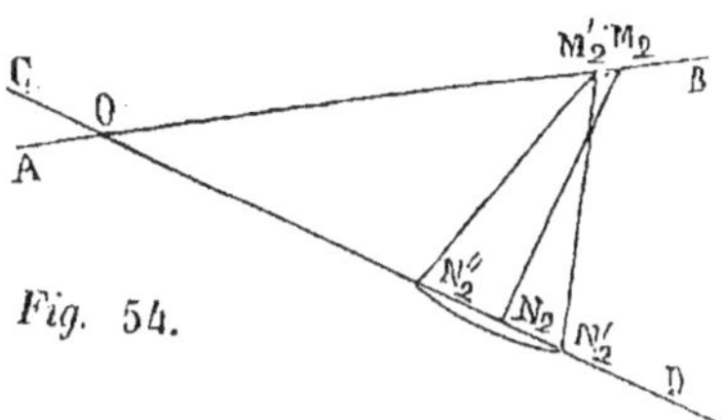

Fig. 54.

déplacement infiniment petit, M_2M_2', du point M partant de la position limite M_2, on obtient, pour intersection de la droite CD avec la circonférence de centre M_2' et de rayon l, deux points N_2' et N_2'', infiniment voisins de N_2 ; d'où il résulte que les déplacements N_2N_2' et N_2N_2'' du point N sont également admissibles, et que le déplacement du point M, à partir de M_2, ne détermine pas géométriquement le déplacement du point N, à partir de N_2.

Le point N_2 est dit un *point mort*, aussi bien que le point N_4 (fig. 53), pour lequel les mêmes circonstances se présentent.

De même, le déplacement du point N, à partir de l'une des positions N_1 ou N_3, laisse indéterminé le déplacement du point M, à partir de la position M_1 ou de la position M_3 : et les points M_1 et M_3 sont dits des *points morts*.

117. Dans la suite, nous retrouverons de pareils points, en étudiant la transmission du mouvement circu-

laire. Ici, nous remarquerons seulement que l'on fait dis·
paraître l'indétermination en admettant que, pour les positions M_1 et M_3 du mobile M, comme pour les positions
N_2 et N_4 du mobile N, le mouvement ne change jamais de
sens. C'est ce qui a lieu, en effet, si le point M arrive en
M_1 ou M_3, le point N, en N_2 ou N_4, avec une certaine vitesse acquise, laquelle, ne pouvant brusquement
s'anéantir ou changer de sens, fait traverser au mobile le
point mort. Quel que soit, alors, celui des deux corps
solides qui communique à l'autre le mouvement, la bielle,
partie de la position MN et traversant la position $M'N'$,
vient prendre les positions successives M_1N_1, M_2N_2, M_3N_3,
M_4N_4, et retourne au lieu du départ ; le mouvement du
point M change de sens en M_2 et en M_4 ; le mouvement
du point N change de sens en N_4 et en N_3.

118. On peut remarquer, d'ailleurs, qu'au moment où
l'une des extrémités de la bielle traverse un point mort,
avec une certaine vitesse, la vitesse de l'autre extrémité est
nulle ; c'est ce que montre, d'une part, l'égalité

$$\frac{\text{vit. de } M}{\text{vit. de } N} = \frac{IM}{IN},$$

où le numérateur IM se réduit à zéro quand le point N
arrive à l'une des positions N_2 ou N_4 ; c'est ce que montre,
de l'autre, la même égalité mise sous la forme

$$\frac{\text{vit. de } N}{\text{vit. de } M} = \frac{IN}{IM},$$

et où le numérateur IN devient nul quand le point M arrive
à l'une des positions M_1 ou M_3.

On voit ainsi que, pour chacun des deux points M et N, la vitesse s'annule avant de changer de sens.

CHAPITRE III.

TRANSMISSION DU MOUVEMENT AU MOYEN D'INTERMÉDIAIRES FLEXIBLES.

§ 1er. TRANSMISSION DU MOUVEMENT SANS CHANGEMENT DE VITESSE.

119. Considérons toujours le cas de deux points M et N (fig. 55) assujettis à glisser respectivement le long des

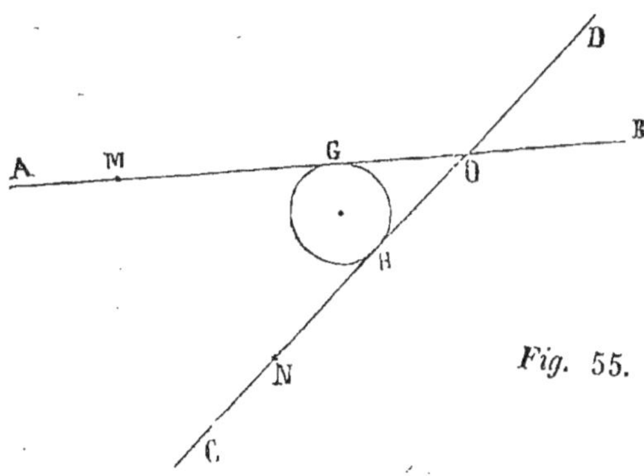

Fig. 55.

droites AB et CD; et supposons d'abord que ces droites se rencontrent en un point O. Inscrivons, dans l'angle AOC, une circonférence d'un rayon arbitraire, touchant aux points G et H, les côtés de l'angle; et concevons que cette circonférence représente une *poulie*, qui sera d'ailleurs mobile ou non sur son centre. Un fil flexible et inextensible, appliqué sur le contour ou sur la *gorge* de cette poulie, y embrasse l'arc GH; et il s'en sépare tangentiellement, aux points G et H, pour venir s'attacher, par ses deux extrémités, aux deux points mobiles M et N.

Si l'un des points, le point M, par exemple, se meut sur sa trajectoire en s'éloignant du point O, le *brin* MG s'allonge de la quantité dont s'avance le point M; la longueur du fil enroulé sur l'arc GH ne varie pas; le *brin* NH se raccourcit de la quantité dont l'autre s'allonge; et le point N parcourt, sur sa trajectoire, un chemin égal au chemin du point M. Les deux points M et N ont donc à chaque instant la même vitesse.

120. Supposons maintenant (fig. 56) que les deux

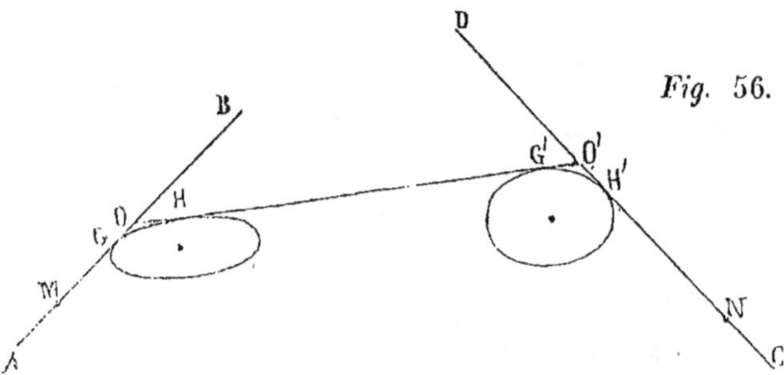

Fig. 56.

droites AB et CD ne se rencontrent pas; et joignons-les par une droite OO′, allant d'un point O quelconque de la première à un point O′ quelconque de la seconde. Inscrivons, dans les angles AOO′ et OO′C, deux poulies de rayons arbitraires; puis, imaginons un cordon embrassant, sur ces poulies, les arcs GH et G′H′, allant de l'une à l'autre suivant la tangente commune HG′, de la première au point M suivant la tangente GM, de la seconde au point N suivant la tangente H′N. Cette disposition réalisée, que les poulies soient mobiles ou non sur leurs centres, le mouvement du point M sur AB, dans le sens BA, détermine le mouvement du point N sur CD, dans le sens CD; et la vitesse des deux points M et N est la même.

121. Dans chacun des cas qui précèdent, il résulte de la flexibilité du fil, que, si le point M se rapproche du point O, au lieu de s'en éloigner, le mouvement ne se transmet plus au point N; à moins, toutefois, qu'une force n'agisse constamment sur ce point N, de manière à tenir le cordon constamment tendu.

Cette dernière condition étant remplie, le cordon peut servir indifféremment à transmettre un mouvement continu ou un mouvement alternatif.

122. Nous avons dit qu'il importe peu, pour la transmission du mouvement, de supposer les poulies fixes ou de les supposer mobiles sur leurs centres. Dans le premier cas, le cordon glisse contre leurs gorges; dans le second, si tout glissement est impossible, les différents points de leurs contours décrivent des chemins égaux aux chemins que parcourent les points du cordon; en sorte que la vitesse linéaire de chacun des points des contours est égale à celle du cordon lui-même. Mais nous n'avons pas à nous occuper ici de ces mouvements de rotation, non plus que de l'avantage qu'ils offrent dans la pratique.

§ 2. TRANSMISSION DU MOUVEMENT AVEC CHANGEMENT DE VITESSE.

123. Soit (fig. 57) c_1, c_2, c_3, c_4, c_5, c_6 les centres de poulies situées dans le même plan. Les points c_1, c_3,

Fig 57.

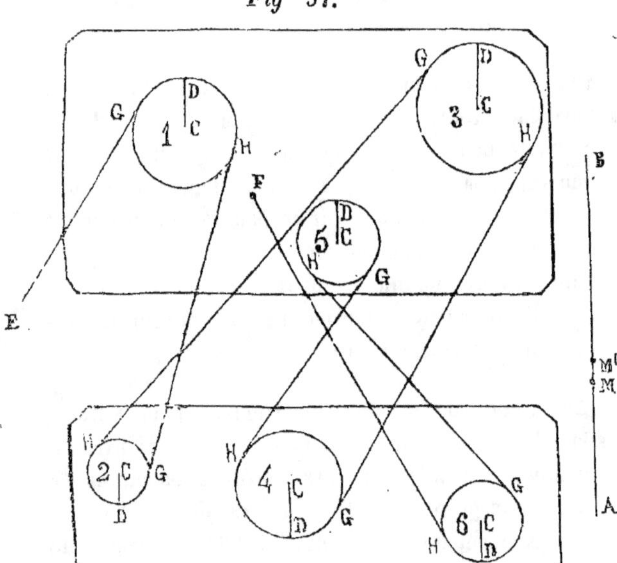

c_5 sont fixes; les points c_2, c_4, c_6 sont reliés entre eux d'une manière invariable, et ne peuvent se mouvoir que parallèlement à une direction donnée AB, avec une vitesse commune. Un cordon $EG_1D_1H_1G_2D_2...H_6F$, libre par son extrémité E, fixe par son extrémité F, passe successivement sur la gorge de chacune des poulies c_1, c_2, ... c_6. On suppose que, sans changer la direction du premier *brin*, on tire son extrémité E, de manière que, le cordon restant toujours et partout tendu, le système mobile $c_2c_4c_6$ glisse parallèlement à AB, et se rapproche du système fixe $c_1c_3c_5$. On veut comparer la vitesse du point E à la vitesse du système mobile.

124. On sait que les vitesses sont entre elles comme les chemins élémentaires parcourus dans le même temps. Il suffit donc de comparer ces chemins élémentaires.

Or, nous allons démontrer que, si MM′ représente le chemin élémentaire parcouru par le système mobile, le chemin élémentaire parcouru par le point E est égal à la somme des projections de MM′ sur les différents brins qui vont d'un système à l'autre (1).

. (1) Soit EF (fig. *j*) une droite indéfinie; AB une droite finie, située dans un même plan avec EF.

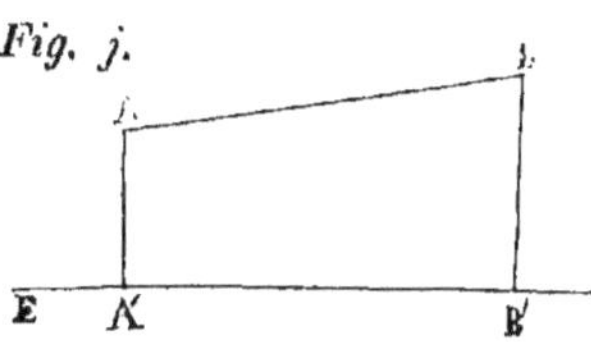

Fig. *j*.

Abaissons, des points A et B, sur EF, les perpendiculaires AA′ et BB′, qui rencontrent EF aux points A′ et B′. Les points A′ et B′ sont dits les *projections* sur EF des points A et B; et la droite A′B′ est dite la *projection* de la droite AB sur EF.

La même définition s'étend à la *projection* A′B′ d'une ligne AB droite ou courbe, située d'une manière quelconque dans l'espace.

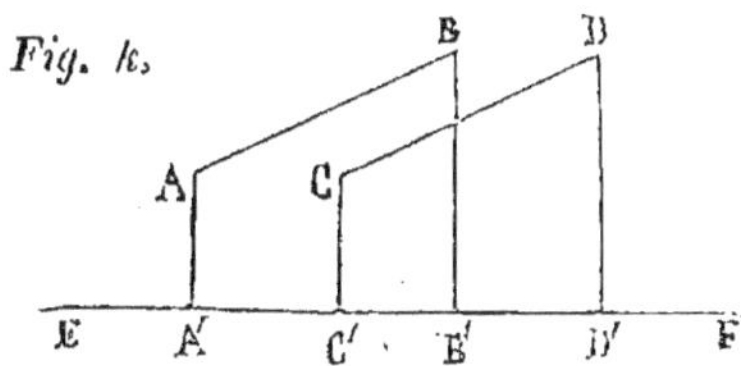

Fig. *k*.

1er. *théorème.* — Deux droites AB et CD, égales et parallèles (fig. *k*), ont, sur une même droite EF, leurs projections, A′B′ et C′D′, égales entre elles.

125. Soit, en effet, pour les poulies de rang impair, D_1, D_3, D_5 les extrémités des rayons menés parallèlement à AB et dans le sens AB; soit ensuite, pour les poulies de rang pair, D_2, D_4, D_6 les extrémités des rayons menés parallèlement à AB, dans le sens BA; nommons G_1, H_1, G_2, H_2, etc., les points successifs de contact des différents brins avec chacune des poulies successives. Il est évident que le chemin du point E, ou l'allongement du premier segment $E_1G_1D_1$ du cordon, est égal à la somme des accourcissements de tous les autres segments $D_1H_1G_2D_2$, $D_2H_2G_3D_3$, ... D_6H_6F.

Cherchons l'expression du raccourcissement de l'un de ces segments, de celui, par exemple, qui va de la poulie fixe c (fig. 58) à la poulie mobile C, et qui se compose de l'arc dh, de la tangente commune hG et de l'arc GD.

Menons CC' égal et parallèle au déplacement MM'. C' représente alors la nouvelle position du centre de la poulie mobile; dh'G$'$D$'$ est le nouveau segment, qui remplace le segment primitif dhGD ; et l'on a

$$\text{raccourcissement} = dh\text{GD} - dh'\text{G}'\text{D}',$$

ou

$$\text{racc}^t. = h'h\text{GD} - h'\text{G}'\text{D}',$$

en supprimant la partie dh' commune aux deux segments.

2e. *théorème.* La projection A$'$B$'$, sur EF, d'une droite AB paral-

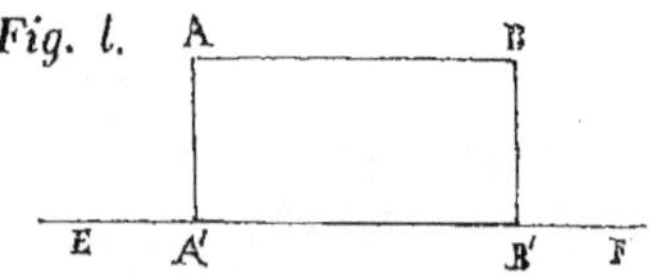

lèle à EF (fig. l), est égale à AB.

Menons le rayon *ch* et prolongeons-le jusqu'à la rencontre de *h'*G*'* en *j*. Abaissons du point G*'*, sur *h*G, la

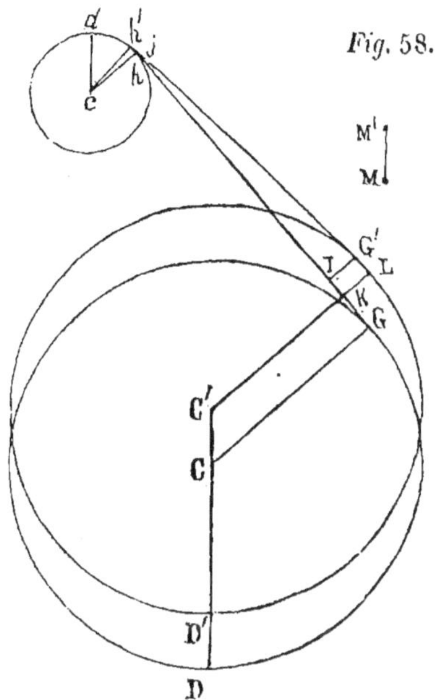

Fig. 58.

perpendiculaire G*'*I. Les deux points *h* et *h'* étant infiniment voisins , l'arc élémentaire *h'h* et l'élément rectiligne
h'j, qui ont même projection sur la tangente en *h*, peuvent être considérés comme égaux entre eux. La droite *hj*
peut être aussi considérée comme égale à la droite *j*G*'*,
dont elle est la projection, et qui forme avec elle un angle
infiniment petit. L'expression du raccourcissement peut
donc se simplifier et s'écrire :

$$racc'. = \mathrm{IGD} - \mathrm{G'D'}.$$

Abaissons du point C*'*, sur *h*G, la perpendiculaire C*'*K, qui rencontre en L la circonférence de centre c'. Les angles DCG et D'C'L étant égaux entre eux, il en est de même des arcs DG et D'L ; et, si l'on supprime chacun de ces arcs dans chacun des termes de la dernière différence, on obtient l'égalité

$$racc^l. = \text{IG} - arc \text{ G'L},$$

où l'on peut regarder l'arc G'L comme égal à sa projection IK, et, par conséquent, la différence IG — *arc* G'L comme égale à IG — IK. On est conduit ainsi à la formule

$$racc^l. = \text{GK (1)}.$$

(1) Nous admettons ici les égalités

$$arc \ h'h = h'j ; \ \text{hi} = j\text{G}' ; \ \text{IK} = arc \text{ G'L}.$$

On pourrait les justifier, en partant du principe suivant, d'une grande importance dans l'étude des *infiniment petits* de la géométrie.

Théorème : Si la droite AB (fig. *m*), située dans un même plan avec la droite EF, forme avec elle un angle *i* infiniment petit, et si

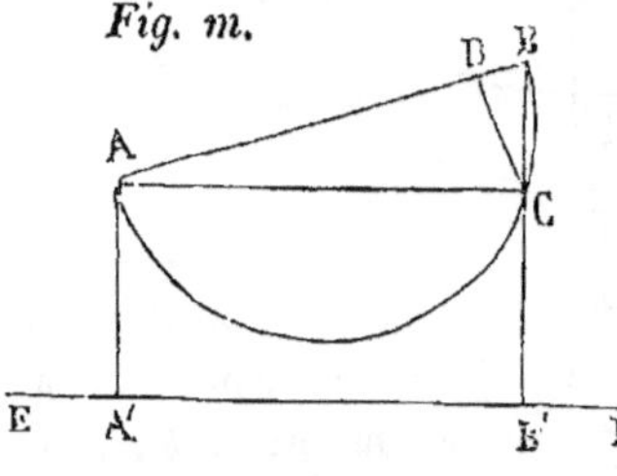

A'B' est la projection de AB sur EF, la différence BB' — AA' est une fraction infiniment petite de AB, et la différence AB — A'B' est une fraction infiniment petite de la première différence.

Pour le prouver, menons, par le point A, une parallèle à EF, rencontrant BB' en c; décrivons le cercle des trois points A, B, c, lequel a pour diamètre AB; abaissons du point c, sur AB, la perpendiculaire CD. Nous avons d'abord

$$corde \ \text{BC} < arc \ \text{BC};$$

d'où

$$\frac{\text{BC}}{\text{AB}} < \frac{arc \ \text{BC}}{diamètre \ \text{AB}} ;$$

Or, GK est la projection de CC' sur hG, et MM' est égal et parallèle à CC'; d'où l'on voit (note du n°. 124, 1ᵉʳ. *théorème*) que le raccourcissement du segment considéré est aussi égal à la projection du déplacement MM', sur la direction du brin hG.

On en peut dire autant pour le raccourcissement de chacun des segments qui vont de l'un des systèmes à l'autre (fig. 57), y compris le dernier segment D_6H_6F. La propriété énoncée au n°. 124 est donc, par cela même, démontrée.

126. Il serait facile d'étendre ce théorème au cas où l'on substitue aux contours des poulies, des courbes planes quelconques, contre lesquelles le cordon est assujetti à glisser.

ou

$$\frac{BB' - AA'}{AB} < i. \qquad [1]$$

Nous aurons ensuite, A'B' étant égal à AC, qui est plus grand que AD,

$$AB - A'B' < AB - AD;$$

d'où

$$\frac{AB - A'B'}{BC} < \frac{BD}{DC}.$$

Mais le rapport $\frac{BD}{DC}$ est égal au rapport $\frac{BC}{AB}$, lequel, comme on vient de le voir, est moindre que i. On a donc

$$\frac{AB - A'B'}{BB' - AA'} < i. \qquad [2]$$

Les formules [1] et [2], qui renferment implicitement la démonstration du théorème énoncé, sont d'ailleurs vraies, que l'angle i soit infiniment petit, ou qu'il ait une valeur finie quelconque.

7

127. 1re. *application : Moufles.* — Dans le cas des moufles, la disposition des poulies est telle (fig. 59) que tous les brins peuvent être considérés comme à peu près parallèles. Si donc le déplacement MM′ est parallèle à la direction commune, la projection de ce déplacement sur chacun des brins est égale à MM′; et le chemin élémentaire de l'extrémité libre du cordon est un multiple de MM′ marqué par le nombre des brins qui vont d'un système à l'autre. Par suite, la vitesse de l'extrémité libre est, à chaque instant, ce même multiple de la vitesse de translation de la moufle mobile.

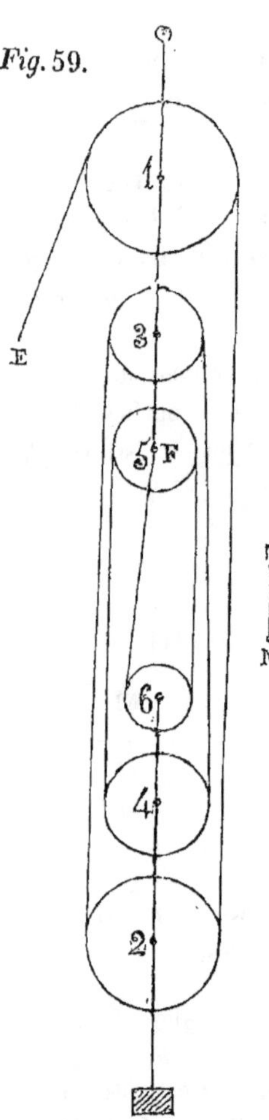

128. 2e. *application : Suspension de réverbère.* — On peut ici (fig. 60) réduire le système fixe à la poulie c_1 et au point F; et, le système mobile, à la poulie c_2 qui supporte le corps pesant. On néglige les rayons des poulies. On suppose les points c_1 et F situés sur une même horizontale.

L'équilibre exige, à chaque instant, que le segment

C_1C_2F soit tout entier dans un plan vertical, et que la verti-

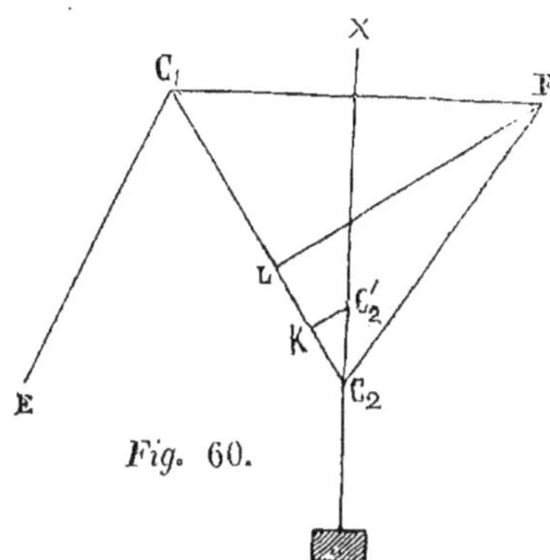

Fig. 60.

cale C_2X du point C_2 soit la bissectrice de l'angle C_1C_2F : ce qui détermine la trajectoire rectiligne et verticale du point C_2.

Si $C_2C'_2$ représente alors le déplacement élémentaire du point C_2 sur C_2X, on voit que le déplacement élémentaire du point E est égal à la somme des projections de $C_2C'_2$ sur C_2C_1 et sur C_2F, ou égal au double de la projection C_2K de $C_2C'_2$ sur C_2C_1. La vitesse de E est donc à celle de C_2 dans le rapport du double de C_2K à $C_2C'_2$.

Or, abaissons du point F, sur C_1C_2, la perpendiculaire FL; nous formerons un triangle LFC_1 semblable au triangle $KC_2C'_2$; et nous aurons

$$\frac{C_2K}{C_2C'_2} = \frac{LF}{C_1F}.$$

Il en résulte

$$\frac{\text{vit. de } E}{\text{vit. de } C_2} = \frac{2LF}{C_1F}.$$

LIVRE DEUXIÈME.

TRANSFORMATIONS ENTRE MOUVEMENTS CIRCULAIRES.

129. Deux corps solides sont assujettis à tourner respectivement autour de deux axes distincts. On se propose de relier ces deux corps l'un à l'autre, de manière que le mouvement de rotation de l'un détermine le mouvement de rotation de l'autre.

CHAPITRE Ier.

TRANSMISSION DU MOUVEMENT PAR CONTACT IMMÉDIAT.

130. Le premier corps, en tournant autour de son axe, rencontre sur son chemin le second corps, et le chasse devant lui pour continuer sa route. Le second corps, déplacé, prend le seul mouvement qui lui soit permis, à savoir, un mouvement de rotation autour de son axe.

On peut distinguer trois cas, selon que les axes sont parallèles, ou qu'ils concourent en un même point, ou qu'ils sont non situés dans le même plan.

PREMIÈRE SECTION.

AXES PARALLÈLES.

§ 1er. DES VITESSES RELATIVES DE ROTATION ; DE LA VITESSE DE GLISSEMENT.

131. Les corps dont on veut étudier le mouvement

sont des cylindres ayant leurs génératrices parallèles aux
axes de rotation. On suppose les axes perpendiculaires au
plan de la figure. Ce plan les rencontre en deux points c

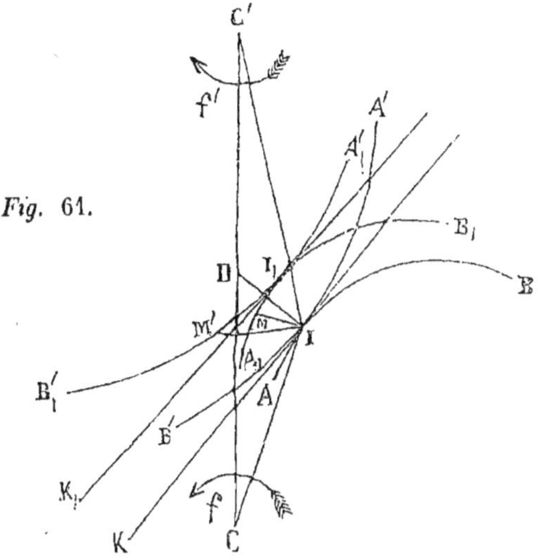

Fig. 61.

et c' (fig. 61), et détermine, dans les cylindres, des sections droites ou profils AB et A'B', qu'il suffira de considérer.

Le cylindre AB touchant le cylindre A'B' au point I,
on fait tourner infiniment peu le premier autour de l'axe
c, avec une vitesse a, dans le sens de la flèche f, de manière à l'amener à la position A_1B_1. En même temps, le
second, poussé par le premier, tourne infiniment peu autour de l'axe c', avec une vitesse a', dans le sens de la
flèche f', et passe à la position $A'_1B'_1$. Après le déplacement, les deux cylindres se touchent en I_1, par d'autres

points ; et , si M représente la position à laquelle a passé le point I de l'arc AB, en tournant autour de C, et M' la position à laquelle a passé le point I de l'arc A'B', en tournant autour de C', le glissement élémentaire des deux cylindres l'un contre l'autre est représenté (n°. 56) par la différence , $I_1M' - I_1M$, des chemins MI_1 et $M'I_1$ parcourus simultanément et dans le même sens, sur les deux arcs AB et A'B', par le point de contact.

On se propose de déterminer le rapport des vitesses de rotation, a et a', des deux cylindres, et de trouver l'expression de la vitesse de glissement u.

132. Le chemin angulaire parcouru par le cylindre AB est égal à $\dfrac{IM}{CI}$; le chemin angulaire parcouru par le cylindre A'B' est égal à $\dfrac{IM'}{C'I}$. Le rapport des vitesses angulaires est donc égal au rapport de ces chemins ; en sorte que l'on a

$$\frac{a}{a'} = \frac{IM}{CI} : \frac{IM'}{C'I} .$$

Or, les points M et M' étant infiniment voisins du point I_1, peuvent être considérés (fig. 62) comme situés sur la tangente commune I_1K_1 du point I_1 ; et cette tangente commune I_1K_1 est sensiblement parallèle à la tangente commune IK du point I , puisque le déplacement subi par le système est insensible (1). De même , les arcs infiniment petits IM et IM', de centres C et C', peuvent être assimilés à des droites respectivement perpendiculaires aux rayons

____

(1) Voir la note du n°. 106.

IC et IC'. Si donc on mène la droite IH, perpendiculaire à CC', et terminée à la rencontre en H de la tangente I_1K_1; si l'on mène, en outre, par le point I, et jusqu'à la rencontre de CC' en D, la droite ID perpendiculaire à I_1K_1 et, par suite, à sa parallèle IK, c'est-à-dire normale commune en I aux deux arcs AB et A'B' : on formera ainsi quatre triangles, IMH et DIC d'une part, IM'H et DIC' de l'autre, lesquels sont semblables deux à deux, comme ayant les côtés respectivement perpendiculaires. Mais les deux premiers donnent la proportion

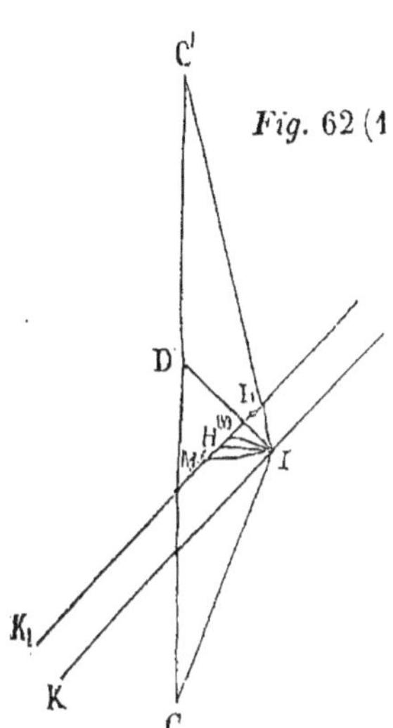

Fig. 62 (1).

$$\frac{IM}{CI} = \frac{IH}{CD};$$

et les deux autres, la proportion

$$\frac{IM'}{C'I} = \frac{IH}{C'D}.$$

(1) Le déplacement du système est supposé moindre dans le cas de la *figure* 62 que dans celui de la *figure* 64, où il importait à la netteté des détails, de maintenir entre les différentes parties un écartement suffisant. Dans l'un des cas, comme dans l'autre, il faut d'ailleurs, par la pensée, substituer aux déplacements nécessairement finis, que l'on a figurés, des déplacements infiniment petits.

On en conclut

$$\frac{a}{a^{\prime}} = \frac{\text{IH}}{\text{CD}} : \frac{\text{IH}}{\text{C}^{\prime}\text{D}} ,$$

ou

$$\frac{a}{a^{\prime}} = \frac{\text{C}^{\prime}\text{D}}{\text{CD}} .$$

133. Si t représente le temps infiniment court pendant lequel s'est effectué le déplacement, les chemins angulaires parcourus par les deux arcs AB et A$^{\prime}$B$^{\prime}$ ont alors pour expressions $a.t$ et $a^{\prime}.t$: en sorte que l'on a les égalités

$$\frac{\text{IM}}{\text{CI}} = a.t , \quad \frac{\text{IM}^{\prime}}{\text{C}^{\prime}\text{I}} = a^{\prime}.t.$$

D'une autre part, le glissement élémentaire est exprimé par le produit $u.t$, et représenté géométriquement par la droite MM$^{\prime}$, ou par la somme des segments MH et M$^{\prime}$H. On a donc

$$u.t = \text{MH} + \text{M}^{\prime}\text{H}.$$

Mais les triangles semblables considérés précédemment, donnent les proportions

$$\frac{\text{MH}}{\text{ID}} = \frac{\text{IM}}{\text{CI}} , \quad \frac{\text{M}^{\prime}\text{H}}{\text{ID}} = \frac{\text{IM}^{\prime}}{\text{C}^{\prime}\text{I}} ,$$

d'où il résulte les égalités

$$\frac{\text{MH}}{\text{ID}} = a.t , \quad \frac{\text{M}^{\prime}\text{H}}{\text{ID}} = a^{\prime}.t ,$$

ou les suivantes

$$\text{MH} = d.a.t , \quad \text{M}^{\prime}\text{H} = d.a^{\prime}.t ,$$

dans lesquelles d représente la longueur de la normale ID.

Si l'on substitue ces valeurs de MH et de M'H dans la valeur de $u.t$, on obtient

$$u.t = d.a.t + d.a'.t ,$$

ou, en divisant par t les deux membres de l'égalité, et mettant d en facteur commun dans le second,

$$u = d\,(a + a').$$

134. On arriverait au même résultat pour toute autre position du point I_1, qu'il fût situé entre les points M et M' ou au-delà du point M'. Dans ces deux cas, en effet, MM' représenterait encore le glissement élémentaire.

135. On a, dans ce qui précède, supposé tacitement

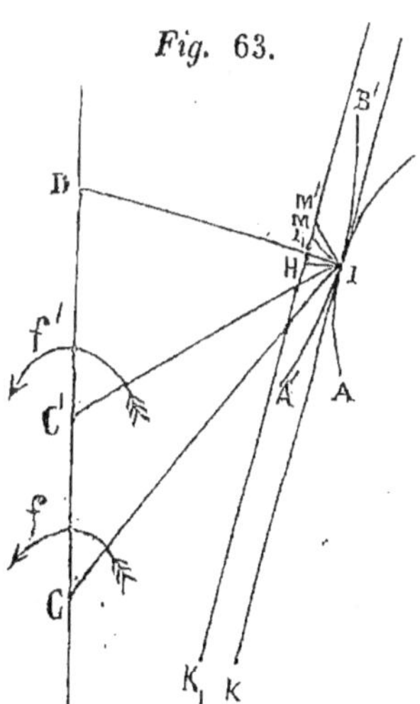

Fig. 63.

que la normale ID rencontre la droite CC' entre les points C et C'. Supposons, maintenant, que la rencontre ait lieu au-delà de l'un de ces points, par exemple (fig. 63) au-delà du point C'. On aperçoit alors, par la position des arcs élémentaires IM et IM', que, le cylindre AB continuant à tourner dans le même sens f, le cylindre A'B' doit se déplacer en tournant dans un sens f', contraire à celui dans lequel il tournait

d'abord. D'ailleurs, on établit, comme précédemment,
la proportion

$$\frac{a}{a'} = \frac{\text{C}'\text{D}}{\text{CD}} \, ,$$

laquelle entraîne l'inégalité des vitesses a et a'.

Comme précédemment, la droite MM' représente le
glissement élémentaire; mais, ici, cette droite est la différence des longueurs HM' et HM : en sorte qu'on a la relation

$$u.t = \text{M}'\text{H} - \text{MH} \, ,$$

qui conduit à la formule

$$u = d \, (a' - a) \, .$$

136. Observant que, dans le premier cas, les rotations sont de sens contraires, et qu'elles sont de même
sens dans le second, on pourra énoncer de la manière
suivante les propriétés que nous venons d'établir :

Si les deux lignes AB et A'B' tournent respectivement
autour des centres C et C', en restant toujours en contact,
1°. les vitesses de rotation a et a' sont inversement proportionnelles aux distances CD et C'D; 2°. la vitesse de
glissement de ces deux lignes, l'une contre l'autre, est égale
au produit de la longueur d de la normale commune, par
la somme ou par la différence des vitesses de rotation, selon que ces vitesses de rotation sont de sens contraires ou
de même sens.

Il est facile de tirer de là les deux conséquences suivantes.

137. 1re. *conséquence :* Pour que le rapport des vitesses de rotation ne varie point pendant toute la durée du

mouvement, il faut et il suffit que, dans toutes les positions du système, la normale commune rencontre toujours en un même point la droite qui joint les centres de rotation ; la position de ce point déterminant la valeur constante du rapport.

138. 2°. *conséquence :* Le glissement est d'autant moindre que d conserve une valeur plus petite pendant le mouvement du système ; et les deux lignes ne peuvent rouler sans glisser, l'une contre l'autre, que si d est constamment nul, c'est-à-dire si le point de contact reste toujours situé sur la droite qui joint les centres.

139. Les théorèmes qui précèdent, s'étendent au cas particulier où la ligne $A'B'$ consiste dans une circonférence d'un rayon très-petit, quelque petit qu'il soit. On est donc assuré qu'ils subsistent encore, lorsque le rayon est infiniment petit, ou lorsque la circonférence se réduit à un point ; c'est-à-dire que, si une ligne AB et un point I (fig. 64), mobiles dans un même plan et toujours en contact, tournent respectivement autour des points C et C' de ce plan, 1°. les sens relatifs des rotations dépendent de la position, par rapport aux points C et C', du point D de rencontre de CC' avec la normale menée à la ligne AB par le point I ; et l'on a, pour les vitesses de ces rotations,

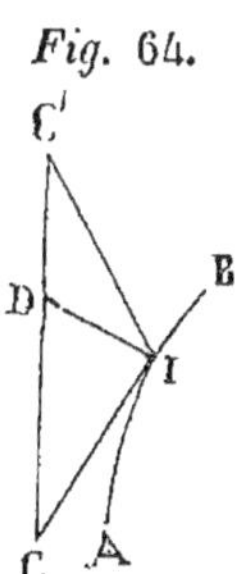

Fig. 64.

$$\frac{a}{a'} = \frac{C'D}{CD} ;$$

2°. la vitesse de glissement du point I , contre la ligne AB ,
est déterminée par la formule

$$u = \text{ID} \left(a' \pm a \right).$$

On pourrait , d'ailleurs, établir directement ces théorêmes , applicables au cas où l'un des deux cylindres est
circulaire droit , et d'un diamètre assez petit pour être
négligé.

140. Comme application du mode de transformation
qui nous occupe , nous étudierons les *engrenages plans* ou
cylindriques , dont l'objet est de transmettre un mouvement continu de rotation , en conservant entre les deux
vitesses un rapport constant ; les *excentriques* , au moyen
desquels on transforme un mouvement continu de rotation,
dans un mouvement de rotation alternatif; les *cames* , qui
n'en sont qu'un cas particulier ; enfin , les *ancres* ou
fourchettes , dont le va-et-vient détermine la rotation
continue d'une roue.

---

§ 2. ENGRENAGES PLANS OU CYLINDRIQUES.

(TRANSFORMATION ENTRE MOUVEMENTS CONTINUS.)

1. Propriétés générales ; construction du profil de l'engrenage extérieur.

141. Soient s et s' deux roues situées dans le même
plan , pouvant tourner respectivement autour des centres
c et c' (fig. 65 et fig. 66) , et dont on veut déterminer

les profils AB et A′B′, de telle sorte que, si AB conduit A′B′ en lui restant toujours tangent, le rapport des vitesses angulaires, a et $a′$, des deux roues s et s′ conserve une valeur constante donnée.

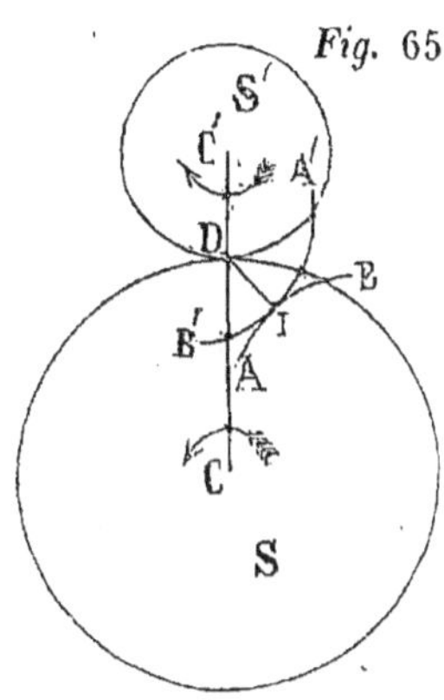

Fig. 65.

142. Si à n tours de la première correspondent $n′$ tours de la seconde, on doit avoir à chaque instant

$$\frac{a}{a′} = \frac{n}{n′} .$$

143. Prenons sur la droite CC′, entre les points C et C′, quand les rotations données sont de sens contraires (fig. 65), en dehors de ces deux points, quand elles sont de même sens (fig. 66), un point D tel que l'on ait la proportion

$$\frac{C′D}{CD} = \frac{n}{n′} .$$

Les contours AB et A′B′ doivent (n°. 137) satisfaire à cette condition, que, pour toutes les positions du système, la normale commune du point I aille constamment passer par le point D.

144. Décrivons les circonférences de centres C et C′, et de rayons CD et C′D, qui sont tangentes l'une à l'autre, extérieurement ou intérieurement. Concevons que la première participe au mouvement de la roue s, et la seconde, à celui de la roue s′.

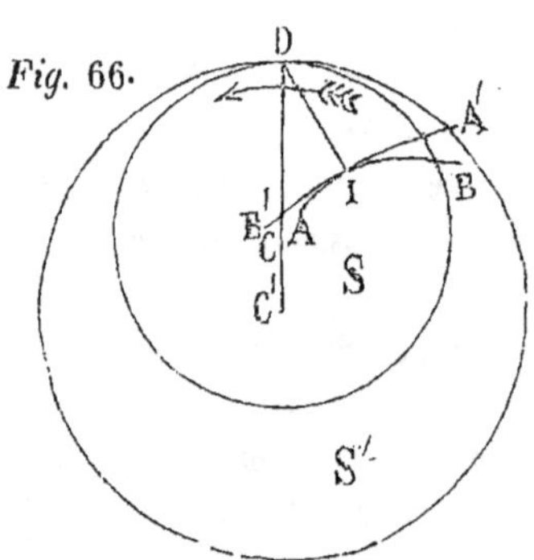

Fig. 66.

Les vitesses de rotation de ces circonférences sont inverses de leurs rayons ; et, par conséquent, elles roulent l'une contre l'autre (n°. 58). Réciproquement, on peut apercevoir que, si les deux circonférences roulent l'une contre l'autre en tournant sur leurs centres, les lignes AB et A′B′ se déplacent en restant toujours en contact.

Ces deux circonférences sont dites les *circonférences primitives* de l'*engrenage*, lequel est constitué par l'ensemble des deux roues, dont l'une transmet à l'autre le mouvement.

145. Considérons le cas particulier de l'*engrenage extérieur*, c'est-à-dire celui dans lequel les circonférences primitives sont extérieures l'une à l'autre. Supposons que la *figure* 67 représente la position initiale de ces circonférences, qui roulent l'une contre l'autre. Joignons le point D au point I. Prenons, à partir du point D, sur les deux circonférences, et en sens contraire du mouvement, des arcs D1 et D1′, D2 et D2′, D3 et D3′, ... égaux deux à deux. Abaissons, des points 1, 2, 3, ..., sur l'arc AB, les normales $1I_1$, $2I_2$, $3I_3$, ...; et, des points 1′, 2′, 3′, ..., sur l'arc A′B′, les normales $1′I_1′$, $2′I_2′$, $3′I_3′$ ...

Les deux circonférences roulant l'une contre l'autre les points 1 et 1′, 2 et 2′, 3 et 3′, ... viennent, deux à deux et successivement, passer par le point D de contact;

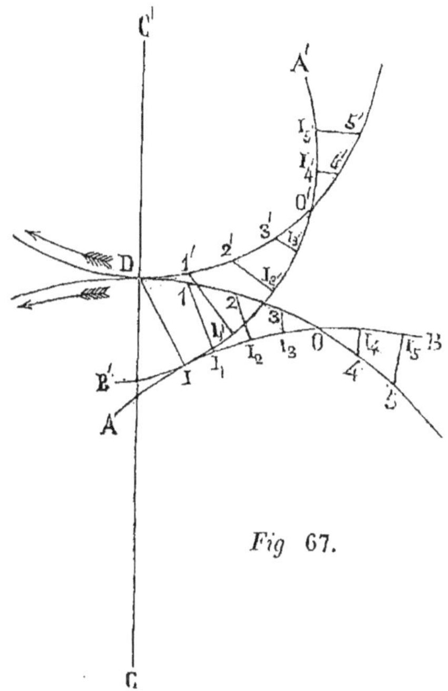

Fig 67.

et, comme, à chaque instant, les normales abaissées du point D sur les lignes AB et A′B′ se confondent en une seule et même droite DI, il en résulte : 1°. que les normales $1\iota_1$, $2\iota_2$, $3\iota_3$,... sont respectivement égales aux normales $1′\iota_1′$, $2′\iota_2′$, $3′\iota_3′$, ...; 2°. que les premières forment, avec les rayons 1C, 2C, 3C, ..., des angles respective-ment égaux à ceux que forment les secondes avec les pro-longements des rayons $c′1′$, $c′2′$, $c′3′$, ...; 3°. que les lignes AB et A′B′ viennent se toucher successivement par les points I_1 et I_1′, I_2 et I_2′, I_3 et I_3′, …

146. A des points I_1, I_2, I_3 de AB, intérieurs à la circonférence C, correspondent nécessairement des points I_1′, I_2′, I_3′ de A′B′, extérieurs à la circonférence C′. A des points I_4′, I_5′ de A′B′, intérieurs à la circonférence C′, correspondent de même des points I_4, I_5 de AB, extérieurs à la circonférence C. Au point O de AB, situé sur la circonférence C, correspond le point O′ de A′B′, situé sur la circonférence C′. Ces deux points O et O′ passent simultanément au point D : en sorte que DO est égal à DO′.

147. Les lignes AB et A′B′ sont les profils de deux *dents* de l'engrenage. Elles sont *en prise* au point I ; et, lorsque la prise est en D, c'est-à-dire au moment du passage simultané des deux points O et O′ au point de contact des circonférences primitives (fig. 68), on dit que les dents sont *en pleine prise*.

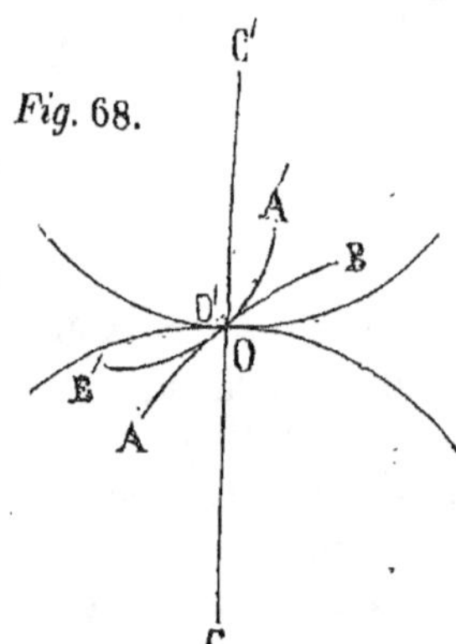

Fig. 68.

Les parties intérieures, OA et O′A′, des dents portent le nom de *flancs*, et les parties extérieures, OB et O′B′, le nom de *faces :* en sorte qu'un flanc est toujours en prise avec une face, le flanc OA conduisant la face O′B′ avant la pleine prise, et la face OB conduisant le flanc O′A′ après la pleine prise.

148. Le flanc OA de l'une des dents étant donné d'une

manière arbitraire, on peut déduire de ce qui précède, un procédé graphique pour construire la face $o'b'$ de l'autre dent.

Pour cela, écartant préalablement les deux circonfé-

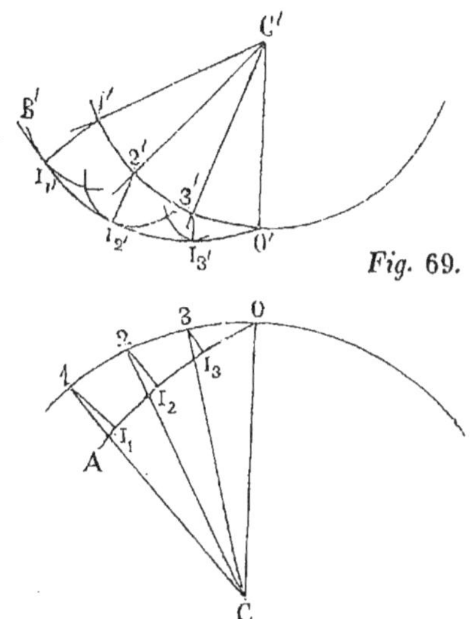

Fig. 69.

rences, afin d'éviter toute confusion des lignes, on prend sur la circonférence c (fig. 69), des points 1 , 2 , 3 , ... , aussi nombreux et aussi rapprochés que l'on veut ; on mesure, sur la circonférence c′, des arcs o′1′, o′2′, o′3′, ... , respectivement égaux aux arcs o1, o2, o3, ... ; des points 1′, 2′, 3′, ... , comme centres, avec des rayons respectivement égaux aux longueurs des normales $1\mathrm{i}_1$, $2\mathrm{i}_2$, $3\mathrm{i}_3$, ... abaissées des points 1 , 2 , 3 , ... sur oA, on décrit, extérieurement à la circonférence c′, des arcs de cercle ; on détermine enfin les points respectifs de rencontre, I_1', I_2', I_3', ..., de ces arcs de cercle avec des droites menées par les points 1′, 2′, 3′, ..., et formant avec les prolongements des rayons $c'1'$, $c'2'$, $c'3'$, ..., les mêmes angles que forment les normales $1I_1$, $2I_2$, $3I_3$ ... avec les rayons 1c, 2c, 3c, ... La ligne $o'B'$ doit passer par les points I_1', I_2', I_3', ... et y toucher les arcs décrits des centres 1′, 2′, 3′, ... (n°. 145). On peut alors tracer à la main cette ligne $o'B'$, et l'on en obtient un dessin d'autant plus exact que l'on a pris sur AB un plus grand nombre de points auxiliaires.

149. La marche à suivre serait la même, si une face OB (fig. 68) était donnée, et si l'on demandait de construire le flanc $o'A'$ qui lui correspond.

150. Soit donc MN (fig. 70) une dent donnée arbitrairement, et supposons construite la dent $M'N'$ qui lui correspond. Soient MP et NQ les normales extrêmes pour la dent MN ; P et Q leurs points de rencontre avec la circonférence c. Soient, de même, $M'P'$ et $N'Q'$ les normales extrêmes pour la dent $M'N'$; P' et Q' leurs points de rencontre avec la circonférence c'. Les arcs DP, DO et DQ sont respectivement égaux aux arcs DP', DO' et DQ'. Si l'on conçoit que les deux circonférences roulent l'une contre l'autre, la prise des dents MN et $M'N'$ commencera lorsque les points P et P' viendront passer en D ; elle cessera lorsque les points Q et Q' y viendront passer à leur tour. Les chemins angulaires que les dents MN et $M'N'$ peuvent parcourir en se conduisant l'une l'autre, sont donc limités ; ces chemins, mesurés sur les circonférences primitives, sont respectivement égaux aux arcs PQ et $P'Q'$.

151. Or, il importe d'établir, entre les deux systèmes de rotation, une liaison telle que le premier, en tournant

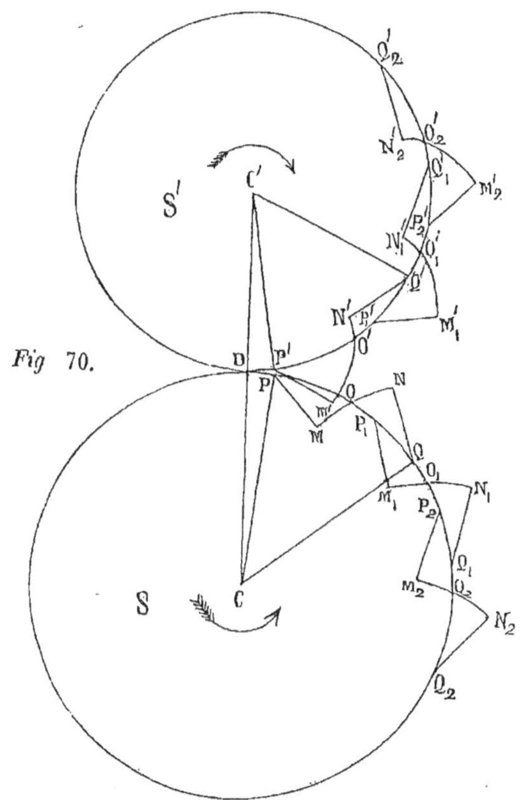

Fig 70.

indéfiniment dans le même sens, transmette indéfiniment au second le mouvement de rotation.

Pour cela, on divisera la circonférence c, à partir du point o, en n' parties égales chacune à $\dfrac{2\pi.\,CD}{n'}$; on divisera la circonférence c', à partir du point o', en n parties égales chacune à $\dfrac{2\pi.\,C'D}{n}$. Toutes les parties de l'une seront égales aux parties de l'autre : car on a

$$\frac{2\pi.\,CD}{n'} = \frac{2\pi.\,C'D}{n}\,,$$

en vertu de la proportion

$$\frac{C'D}{CD} = \frac{n}{n'}\,,$$

à laquelle satisfont (n°. 143) les rayons des circonférences.

Par les points de division, o, o_1, o_2, ..., de la première circonférence, on fera passer des lignes MN, M_1N_1, M_2N_2, ..., égales entre elles, et disposées de telle sorte que la première puisse venir coïncider successivement avec chacune des autres, lorsqu'on la fait tourner autour du point c. Ces lignes MN, M_1N_1, M_2N_2, ... représenteront les dents de la roue s. On tracera ensuite les dents correspondantes, M'N', $M'_1N'_1$, $M'_2N'_2$, ..., de la roue s', lesquelles passeront par les points de division, o', o'_1, o'_2, ..., de la circonférence c'.

Si, alors, l'arc PP_1, égal à l'arc oo_1 qui mesure la distance de deux dents consécutives, est moindre que l'arc PQ, les dents M_1N_1 et $M'_1N'_1$ entreront en prise avant que les dents MN et M'N' se soient séparées; et, en général, la prise de deux dents quelconques commencera avant que

les deux dents qui les précèdent aient cessé d'être en prise.
Le mouvement se transmettra donc indéfiniment.

Or, il est toujours permis de supposer l'arc oo_1 plus
petit que l'arc PQ : car l'arc oo_1 est d'autant moindre que
n' est plus grand, et rien n'empêche d'accroître n' autant
que l'on veut, pourvu que n croisse dans le même rapport,
puisque n et n' représentent les nombres de tours simultanés des deux roues.

152. La longueur commune aux deux arcs oo_1 et $o'o'_1$,
qui mesurent, sur les circonférences primitives, la distance
de deux dents consécutives, est appelée le *pas de l'engrenage*. Ce pas est donc nécessairement une partie aliquote
de l'une et de l'autre des circonférences primitives.

153. Il resterait maintenant à voir comment on peut
compléter les profils des deux roues, de manière que la
roue s conduise au besoin la roue s' en sens contraire.
C'est ce que nous examinerons dans des cas particuliers.
D'ailleurs, on conçoit que, ces conditions étant remplies,
la roue s', à son tour, pourra conduire la roue s dans
l'un ou dans l'autre sens. L'engrenage, alors, sera dit
réciproque.

II. Engrenage à épicycloïdes et à flancs droits.

154. Supposons (fig. 71) que le flanc de la roue s soit
une droite OA dirigée vers le centre C, et cherchons,
pour la roue s', la face $o'B'$ correspondante.

Les deux circonférences C et C' roulant l'une contre
l'autre en tournant sur leurs centres, soient 1 et 1', 2 et 2',

3 et 3′, ... les points de ces circonférences qui viennent passer, deux à deux et successivement, par le point D de contact.

Fig. 71.

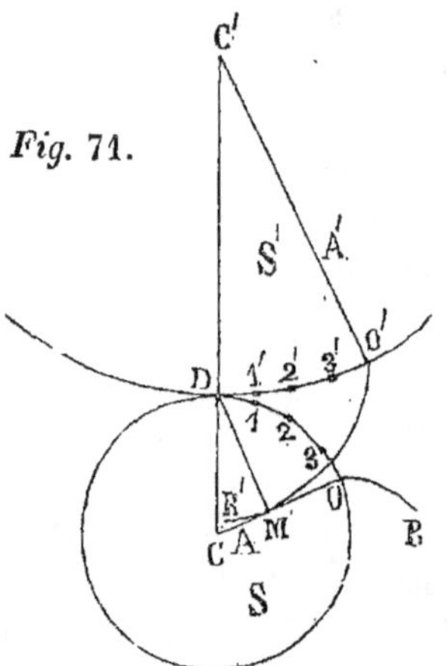

Concevons, maintenant, que la circonférence c′ reste fixe, et faisons rouler contre elle la circonférence c, de manière qu'elle vienne la toucher successivement par les points 1, 2, 3, .. , aux points 1′, 2′, 3′, ... Dans cette nouvelle hypothèse, le mouvement relatif des deux circonférences sera le même que dans l'hypothèse primitive : c'est-à-dire que, dans les deux cas, les deux circonférences c et c′ prendront successivement les mêmes positions relatives. Mais, dans le premier, la normale abaissée du point D de contact des deux circonférences primitives sur le flanc OA, rencontre ce flanc en un point M qui appartient nécessairement à la face O′B′. Il en est donc encore de même dans le second, où la face O′B′ reste fixe avec la roue s′, et où le point D de contact des circonférences primitives se déplace en prenant les positions successives 1′, 2′, 3′, ... Ainsi, la face O′B′ est le lieu géométrique du pied M de la perpendiculaire abaissée, du point mobile D, sur le rayon CO, pendant que le cercle c roule contre le cercle c′. Or, on a vu (n°. 69) que ce lieu géométrique est une épicycloïde dont le cercle générateur, roulant contre le cercle c′, a pour diamètre le rayon CO. Telle est donc aussi la face O′B′ qui correspond au flanc OA.

155. De même, si le flanc $o'a'$ de la roue s' est une droite dirigée vers le centre c', la face ob qui lui correspond sur la roue s, est un arc d'épicycloïde, dont le cercle générateur, roulant contre le cercle c, a pour diamètre le rayon $c'o'$.

156. aob et $a'o'b'$ sont alors les profils des deux dents de l'engrenage *à épicycloïdes et à flancs droits*.

157. Ces profils une fois construits, ceux des roues s et s' s'obtiennent de la manière suivante :

On divise la circonférence primitive c (fig. 72) en n' parties égales, aux points o, o_1, o_2, ... (dont le second coïncide avec le point d); on divise la circonférence primitive c' en n parties égales, aux points o', o'_1, o'_2, ... (dont le second coïncide avec le point d); par les points o, o_1, o_2, ..., on mène les dents aob, $a_1o_1b_1$, $a_2o_2b_2$, ..., à faces épicycloïdales et à flancs droits; par les points o', o'_1, o'_2, ..., on mène les dents $a'o'b'$, $a'_1o'_1b'_1$, $a'_2o'_2b'_2$, ..., qui correspondent aux premières.

158. Les dents $a_1o_1b_1$ et $a'_1o'_1b'_1$ arrivant en pleine prise, le point i de contact des dents aob et $a'o'b'$ qui les précèdent, est situé (n°. 143) au pied de la perpendiculaire abaissée du point d sur le rayon $c'o'$; et, si l'on veut que la prise de ces dents cesse au-delà du point i, il faut qu'en ce point arrivent simultanément l'extrémité b de la face ob et l'extrémité a' du flanc $o'a'$: en sorte qu'on doit limiter tous les flancs de la roue s' à la circonférence de centre c' et de rayon $c'i$, et toutes les faces de la roue s à la circonférence de centre c et de rayon ci, qui rencontre cc' en k.

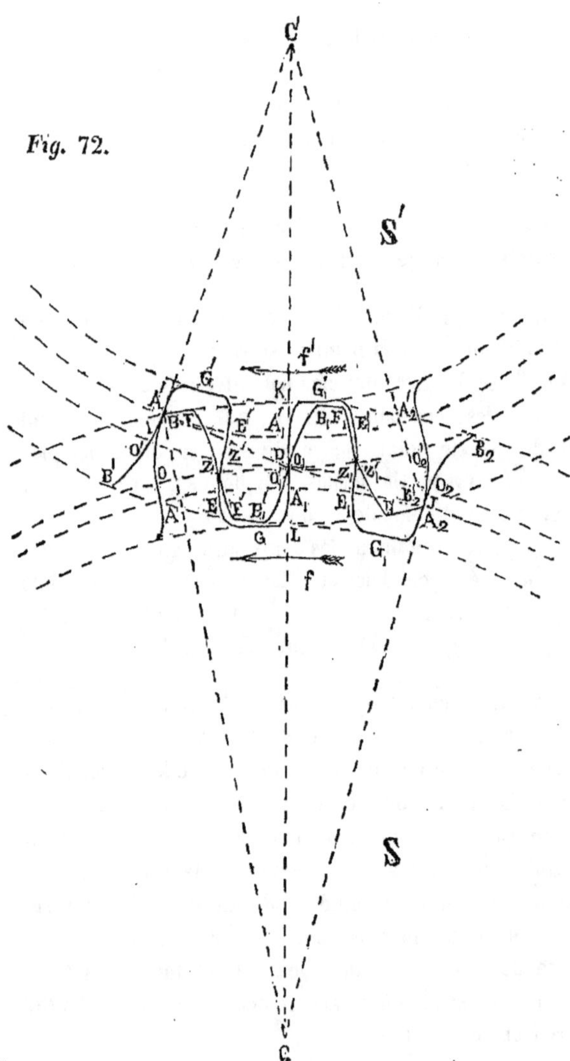

Fig. 72.

En même temps que les dents $A_1O_1B_1$ et $A'_1O'_1B'_1$ sont en pleine prise, le point J de contact des dents $A_2O_2B_2$ et $A'_2O'_2B'_2$ qui les suivent, est situé (n°. 143) au pied de la perpendiculaire abaissée du point D sur le rayon CO_2 ; et, si l'on veut qu'en ce point J seulement la prise commence, il faut limiter tous les flancs de la roue s à la circonférence de centre c et de rayon CJ, et toutes les faces de la roue s' à la circonférence de centre c' et de rayon $c'J$, laquelle rencontre CC' en L.

159. Dans ces conditions de longueur des dents, on est assuré que deux dents de l'une des roues sont toujours en prise avec deux dents de l'autre roue : en sorte que la continuité de la transmission de la rotation est assurée, soit que la roue s conduise la roue s' dans le sens des flèches f et f', soit que la roue s' conduise la roue s en sens contraire.

160. On prend ensuite les milieux z, z_1, ... des arcs OO_1, O_1O_2, ... de la circonférence primitive c; par ces milieux on mène les dents EZF, $E_1Z_1F_1$, ... égales aux dents AOB, $A_1O_1B_1$, ..., mais pour lesquelles le cercle générateur de l'épicycloïde a roulé en sens contraire; on limite ces dents comme les premières. On prend les milieux z', z'_1 ... des arcs $O'O'_1$, $O'_1O'_2$, ... de la circonférence primitive c'; par ces milieux on mène les dents $E'Z'F'$, $E'_1Z'_1F'_1$, ... égales aux dents $A'O'B'$, $A'_1O'_1B'_1$, ..., mais inversement tournées ; on les limite de même. On obtient alors de nouveaux profils à l'aide desquels on peut faire conduire la roue s par la roue s', dans le sens des flèches f et f' ; ou, la roue s' par la roue s, en sens contraire.

161. Ainsi, les dents AB , ... et les dents EF, ... étant construites , et le sens du mouvement étant assigné à l'avance, l'une quelconque des deux roues peut conduire l'autre : ce qui constitue précisément la *réciprocité* de l'engrenage.

162. Pour compléter le profil de la roue s, on réunit les points B et F, B_1 et F_1, ... par des arcs de cercle ayant au point C leur centre commun; on réunit les points E et A_1, E_1 et A_2, ... par des lignes EGA_1, $E_1G_1A_2$, ..., qui déterminent, entre les dents de la roue s , des *creux* dans lesquels viennent se loger les dents de la roue s', un peu avant et un peu après leur passage au point D. La profondeur de ces creux, dont nous ne rechercherons pas d'ailleurs la figure, doit être calculée de telle sorte que chacune des dents de la roue s' puisse, à son tour, atteindre librement le point L : ce qui exige que la roue s soit évidée jusqu'à la circonférence de centre C et de rayon CL.

On complète de même le profil de la roue s', en réunissant les points F' et B'_1, F'_1 et B'_2, ... par des arcs de cercle de centre C'; et en réunissant les points A' et E', A'_1 et E'_1, ... par des lignes $A'G'E'$, $A'_1G'_1E'_1$, ... qui déterminent les *creux* ménagés entre les dents de la roue s', pour livrer passage aux dents de la roue s. Ces creux doivent venir affleurer la circonférence de centre C' et de rayon $C'K$, afin que chacune des dents de la roue s puisse, à son tour, atteindre librement le point K.

163. On a trouvé précédemment (n°. 133) la formule

$$u = d\,(a + a'),$$

qui exprime la vitesse u du glissement de deux dents l'une

contre l'autre, au moyen des vitesses de rotation a et a'
des deux roues s et s', et de la distance d du point D au
point de contact des deux dents. Cette valeur de d n'excède
jamais DJ avant la pleine prise ; et ; après la pleine prise,
elle n'excède jamais DI. La vitesse u est donc toujours
moindre que le plus grand des deux produits

$$DI \times (a + a') \quad \text{et} \quad DJ \times (a + a') :$$

d'où il résulte que l'on rend le glissement aussi petit que
l'on veut, en prenant un pas d'engrenage suffisamment
petit, puisque DI et DJ sont les moitiés de cordes qui sous-
tendent, dans chacune des circonférences primitives, un
arc double du pas.

III. Engrenage à développantes de cercle.

164. Soient c et c' (fig. 73) les centres de deux roues
ou cercles s et s', de rayons CR et C'R' égaux à r et r'.
Soit menée, entre ces deux cercles, extérieurs l'un à
l'autre, la tangente commune RR', qui rencontre en D la
ligne des centres. Soit AB une dent de la première roue,
ayant pour profil une développante du cercle s ; A'B' une
dent de la seconde roue, ayant pour profil une développante du cercle s'. Si l'on fait tourner convenablement
les deux roues sur leurs centres, on peut toujours amener
les deux arcs AB et A'B' à passer par le point D, comme
dans le cas de la figure ; et ces deux arcs se touchent en
ce point D, puisqu'ils y rencontrent normalement la tangente RR' (n°. 72).

165. Décrivons les circonférences de centres c et c',
de rayons CD et C'D ; faisons-les tourner sur leurs centres,

et rouler l'une contre l'autre; supposons qu'elles entraînent dans leurs mouvements respectifs les roues s et s′.

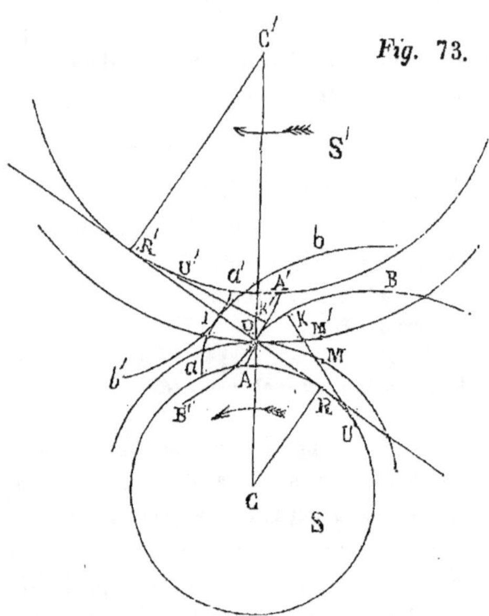

Soient DM et DM′ les arcs, nécessairement égaux entre eux, qui passent simultanément au point D. Si l'on prend sur la roue s, à partir du point R et en sens contraire du mouvement, un arc RU tel que l'on ait

$$\frac{RU}{DM} = \frac{CR}{CD};$$

si l'on prend de même sur la roue s′, à partir du point R′ et en sens contraire du mouvement, un arc R′U′ tel que l'on ait

$$\frac{R'U'}{DM'} = \frac{C'R'}{C'D} :$$

les points U et U' viendront respectivement prendre les positions R et R', en même temps que les points M et M' arriveront en D. Au même instant, les droites UK et U'K', respectivement tangentes aux roues S et S', viendront s'appliquer sur RR'. Mais, d'après une propriété connue des développantes (n°. 75), on a les égalités

$$UK = RD + RU \quad, \quad U'K' = R'D - R'U'.$$

Si donc on peut démontrer que RU est égal à R'U', on en conclura que $UK + U'K'$ est égal à $RD + R'D$, ou à RR'; et que, par suite, les deux points K et K' des deux dents AB et A'B' viennent se confondre, sur RR', en un même point.

Or, la similitude des deux triangles CRD et C'R'D donne la proportion

$$\frac{CR}{CD} = \frac{C'R'}{C'D} ;$$

d'où résulte cette autre proportion

$$\frac{RU}{DM} = \frac{R'U'}{DM'} ,$$

qui montre que RU est égal à R'U', puisque les arcs DM et DM' sont égaux.

166. Les dents AB et A'B', dans leurs positions nouvelles ab et $a'b'$, rencontrent donc en un même point I la droite RR'. D'ailleurs, elles se touchent en ce point I, puisqu'elles coupent normalement RR'; d'où l'on voit que, si l'on fait rouler l'une contre l'autre les circonférences de rayons CD et C'D , les dents AB et A'B' des roues S et S' restent toujours en contact.

167. De là il résulte immédiatement que , si la roue S conduit la roue S' , par l'intermédiaire des dents AB et A'B' , les circonférences de rayons CD et C'D roulent l'une contre l'autre : ce qui revient à dire que le rapport des vitesses de rotation a et a' conserve une valeur constante , inverse du rapport des rayons CD et C'D.

Les circonférences auxquelles ces rayons appartiennent sont , on le voit , les circonférences primitives de l'engrenage.

168. La proportion

$$\frac{a}{a'} = \frac{C'D}{CD}$$

fournit évidemment cette autre proportion

$$\frac{a}{a'} = \frac{r'}{r} \, ,$$

laquelle montre que le rapport des vitesses de rotation est indépendant de la distance mutuelle des centres C et C'.

On peut remarquer , en outre , que la figure de la dent de l'une quelconque des roues , ne dépend que du rayon de cette roue, et nullement de celui de l'autre.

Ces conditions ne sont pas remplies dans le cas de l'engrenage à épicycloïdes et à flancs droits.

169. Prenant pour position initiale des roues, la posi-

tion pour laquelle les dents AB et A′B′ sont en pleine prise
(fig. 74), on aperçoit que , si la roue s conduit la roue
s′ dans le sens indiqué par les flèches, le point ɪ de contact des deux dents parcourt dans l'espace la ligne droite

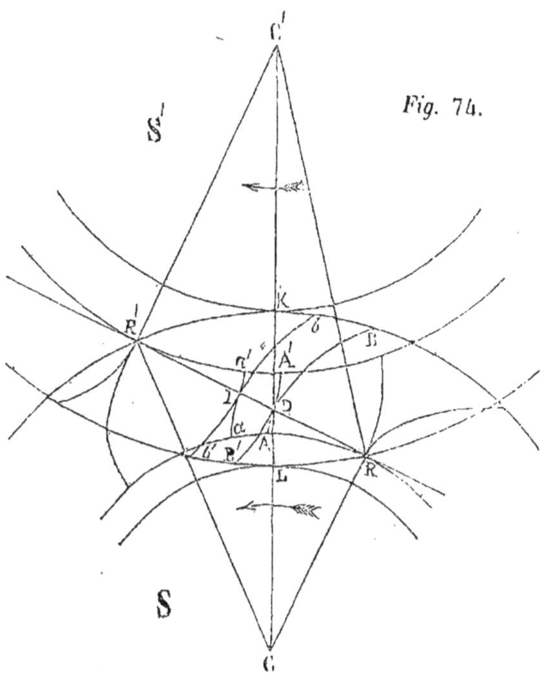

Fig. 74.

DR′ ; qu'il se déplace sur la dent ab, en s'éloignant de la
naissance a de cette dent, et, sur la dent $a′b′$, en se
rapprochant de sa naissance $a′$. Lorsque la dent ab vient
à passer par le point ʀ′, le point ɪ lui-même arrive
en ce point ʀ′, et s'y confond avec la naissance $a′$ de la

dent $a'b'$, qui ne peut alors être conduite au-delà par la dent ab. On peut donc, de la dent ab, retrancher, comme inutile, toute la portion qui excède la circonférence de centre c et de rayon cR'.

Si, au contraire, on fait rétrograder les deux roues, la roue s' conduisant la roue s; le point I parcourt dans l'espace la ligne droite DR, en se rapprochant de la naissance a de la dent ab, et s'éloignant de la naissance a' de la dent $a'b'$. Lorsque la dent $a'b'$ vient passer par le point R, le point I lui-même s'y confond avec la naissance a de la dent ab, qui ne peut alors être conduite au-delà par la dent $a'b'$. On peut donc, de la dent $a'b'$, retrancher, comme inutile, toute la portion qui excède la circonférence de centre c' et de rayon $c'R$.

170. On s'est donné, dans ce qui précède, les deux roues s et s', et l'on a déterminé la nature du mouvement. Supposons, maintenant, que l'on se donne les circonférences primitives de l'engrenage, et que l'on veuille construire les profils des roues s et s'.

Par le point D de contact des circonférences primitives (fig. 74), on mènera une droite arbitraire RR', oblique sur CC'; on abaissera sur cette droite et des points c et c', les perpendiculaires cR et $c'R'$; on décrira, des points c et c' comme centres et avec les rayons cR et $c'R'$, deux circonférences, qui seront tangentes à RR'; on tracera l'arc AB de la développante qu'engendre le point D de la tangente RD en roulant contre la circonférence cR, et on limitera cet arc à la circonférence de centre c et de rayon cR'; on tracera l'arc $A'B'$ de la développante qu'engendre le point D de la tangente $R'D$ en roulant contre la circonférence C′R′, et on limitera cet arc à la circonférence de centre C′ et de rayon C′R; on aura ainsi deux dents des roues S et S′.

171. On divisera ensuite les circonférences primitives C et C′, la première en $2n'$ parties, la seconde en $2n$ parties, toutes égales entre elles; et, par les points de division, on mènera les dents des deux roues, comme on a fait dans le cas de l'engrenage réciproque à épicycloïdes et à flancs droits, en complétant les profils de la même manière. L'extrémité de chaque dent de la roue S devant venir passer au point K, où la circonférence CR′ rencontre CC′, on limitera les creux ménagés entre les dents de la roue S′, à une circonférence de centre C′ et de rayon C′K. L'extrémité de chaque dent de la roue S′ devant venir passer au point L, où la circonférence C′R rencontre CC′, on limitera les creux de la roue S à une circonférence de centre C et de rayon CL.

172. Supposons qu'au moment où la dent AB (fig. 75) arrive en R′ avec la dent A′B′, les deux dents A_1B_1 et $A'_1B'_1$, qui suivent, soient en pleine prise, on peut démontrer que le pas de l'engrenage est égal à la longueur DH′ comprise, sur la tangente commune aux deux circonférences primitives, entre le point D et la rencontre H′ de cette tangente avec le prolongement du rayon C′R′. En effet, O′ étant le point de rencontre de la dent A′B′ avec sa circonférence primitive, le pas de l'engrenage est égal à O′D. Mais la circonférence primitive de rayon C′D se composant de n arcs égaux à O′D, la circonférence de rayon $C'R'$ se compose de n arcs égaux à $A'A'_1$. On a donc

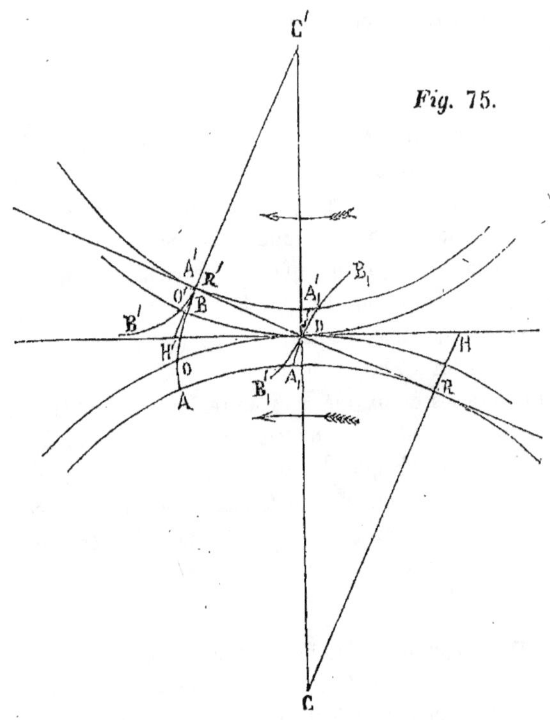

la proportion

$$\frac{O'D}{A'A'_1} = \frac{C'D}{C'R'}.$$

D'une autre part, les deux triangles semblables $C'DH'$ et $C'R'D$ donnent la proportion

$$\frac{DH'}{DR'} = \frac{C'D}{C'R'}.$$

Il en résulte que l'on a

$$\frac{DB'}{DR'} = \frac{O'D}{A'A'_1}.$$

Dans cette égalité, les dénominateurs sont égaux (n°. 74); par conséquent il en est de même des numérateurs : c'est-à-dire que la droite DB' est, ainsi qu'on l'avait annoncé, égale au pas O'D de l'engrenage.

173. Dans une autre hypothèse, on prouverait, de même, que, si les dents A_1B_1 et $A'_1B'_1$ sont en pleine prise au moment où les dents qui les suivent passent au point R, le pas est égal au segment DB obtenu en prolongeant le rayon CR jusqu'à sa rencontre avec la tangente commune aux deux circonférences primitives.

174. On en peut conclure que, si le pas est moindre que la plus petite des deux lignes DB et DB', il y aura toujours entre les deux roues double prise : car, lorsque deux dents seront en pleine prise, les deux dents qui les précèdent ne se seront pas encore séparées, et le contact sera commencé entre les deux dents qui les suivent. On peut donc assurer la continuité de la transmission de la rotation, en prenant le pas de l'engrenage assez petit, c'est-à-dire en prenant les nombres n et n' suffisamment grands.

175. En même temps, on aperçoit que l'on peut rendre aussi faible que l'on veut, la vitesse du glissement de deux dents l'une contre l'autre, puisque cette vitesse est moindre que le plus grand des deux produits

$$DR \times (a + a') \text{ et } DR' \times (a + a'),$$

où DR et DR′, respectivement moindres que DH et DH′, diminuent autant que l'on veut avec le pas de l'engrenage.

---

§ 3. EXCENTRIQUES.

(TRANSFORMATION D'UN MOUVEMENT CONTINU DANS UN MOUVEMENT ALTERNATIF.)

I. Excentrique conduisant l'extrémité d'un levier.

176. Soit MNP (fig. 76) un disque qui a sa face antérieure située dans le plan de la figure, et qui peut tourner

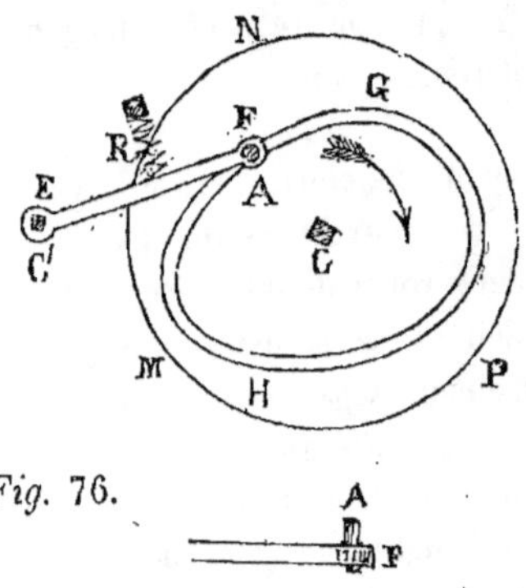

Fig. 76.

autour d'un axe C perpendiculaire à ce plan ; GH , une rainure pratiquée dans ce disque, et à laquelle l'axe C est intérieur ; EF, un levier situé en avant du disque et mobile autour d'un axe C′ parallèle à l'axe C ; A, un bouton cylindrique , perpendiculaire au plan du disque , fixé à l'extrémité du levier EF, et s'engageant dans la rainure GH , dont la largeur est partout égale à son diamètre.

Si le disque MNP tourne autour de l'axe C , le bouton A glisse dans la rainure, et le levier EF se déplace en tournant autour de l'axe C'.

177. Dans ce mouvement, on conçoit que le bouton A sera conduit, tantôt par le bord intérieur de la rainure , et tantôt par le bord extérieur. Néanmoins, on pourra sans inconvénient supprimer le bord extérieur et toute la portion du disque située au-delà, si l'on a fait en sorte que le bouton reste toujours appliqué contre le bord intérieur , soit que le poids même du levier l'y maintienne, soit qu'un ressort R , disposé convenablement , l'empêche de s'en séparer.

178. Négligeant, dans ce qui va suivre, le diamètre du bouton A, nous réduirons le disque à une ligne GH (fig. 77) située dans le plan de la figure et mobile autour

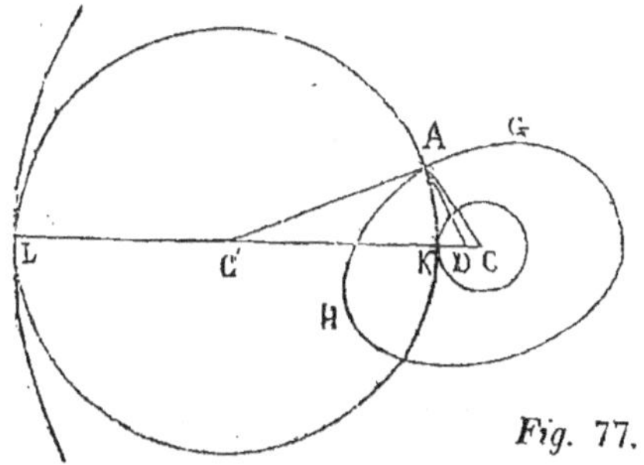

Fig. 77.

d'un point C de ce plan ; le levier , à une droite C'A pouvant tourner , dans le même plan , autour de l'une de ses extrémités c′, tandis que l'autre, A, est assujettie à glisser contre la ligne GH.

Il est essentiel, d'ailleurs, que la ligne GH diffère d'une circonférence de centre c : sans quoi la droite c′A resterait immobile pendant la rotation du disque.

Le disque, terminé à la ligne GH, porte le nom d'*excentrique.*

179. Menons, par le point A, la droite AD normale à la ligne GH et prolongée jusqu'à la rencontre de cc′ au point D. D'après ce qui a été vu au n°. 139, le rapport des vitesses des rotations autour des points c et c′ est inverse du rapport des longueurs cD et c′D; et ces vitesses sont de sens contraires ou de mêmes sens, selon que le point D tombe entre les points c et c′ ou en dehors de ces deux points.

180. Décrivons, d'une part, la circonférence de centre c′ et de rayon c′A, qui rencontre cc′ en K, et le prolongement de cc′ en L; décrivons, de l'autre, les circonférences de centre c et de rayons cK et cL. L'extrémité A du levier c′A est nécessairement, dans toutes ses positions, extérieure à la circonférence cK et intérieure à la circonférence cL. D'ailleurs, pour que l'excentrique puisse prendre un mouvement continu de rotation sans que sa liaison avec le levier s'y oppose, il faut que cette extrémité A puisse parcourir successivement tous les points de l'excentrique; il faut donc que le contour GH de l'excentrique soit situé tout entier dans l'intervalle compris entre les circonférences de rayons cK et cL.

Cette condition étant remplie, si on suppose en outre que la ligne GH n'ait aucun point de commun avec l'une ou avec l'autre de ces deux circonférences, on aperçoit que le levier c′a doit toujours rester situé du même côté de la droite indéfinie cc′, puisque le point a ne pourrait, sans quitter l'excentrique, arriver en k ou en l. Le levier c′a ne peut prendre, alors, qu'un mouvement alternatif de rotation, déterminé par le mouvement continu de rotation de l'excentrique.

181. *Déterminer la loi du mouvement d'un système donné.* — On donne l'excentrique gh (fig. 78) et le levier

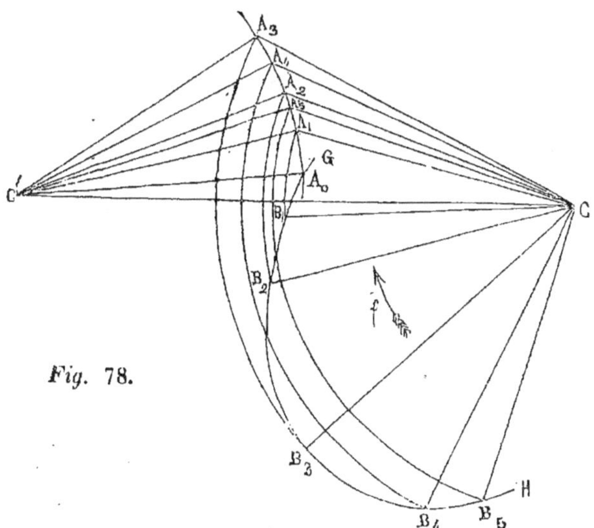

Fig. 78.

c′a₀, dans leur position initiale. On demande de déterminer les chemins angulaires qu'ils parcourent simultanément, et le rapport de leurs vitesses de rotation pour chacune des positions du système.

Soient pris arbitrairement, sur l'excentrique, les points b₁, b₂, ..., que l'on rencontre successivement quand on parcourt la ligne GH, à partir du point A_0, dans un sens contraire au sens f de la rotation. Décrivons, du centre C', la circonférence dont le rayon est $C'A_0$; et, du centre C, les circonférences qui ont pour rayons les droites CB_1, CB_2, ..., et qui rencontrent la première aux points A_1, A_2, ... , situés avec le point A_0 du même côté de CC'.

L'extrémité du levier, ne pouvant quitter l'excentrique, doit arriver en A_1 avec le point B_1, en A_2 avec le point B_2, etc. Mais, pour arriver en A_1, l'excentrique doit tourner de l'angle B_1CA_1, et le levier, de l'angle $A_0C'A_1$. Les angles B_1CA_1 et $A_0C'A_1$ représentent donc les chemins simultanés de l'excentrique et du levier. Il en est de même des angles B_2CA_2 et $A_0C'A_2$, B_3CA_3 et $A_0C'A_3$, etc. Ainsi, la première partie du problême est résolue.

182. Cherchons maintenant le rapport des vitesses de rotation, qui répond à une position arbitraire $C'A$ du levier

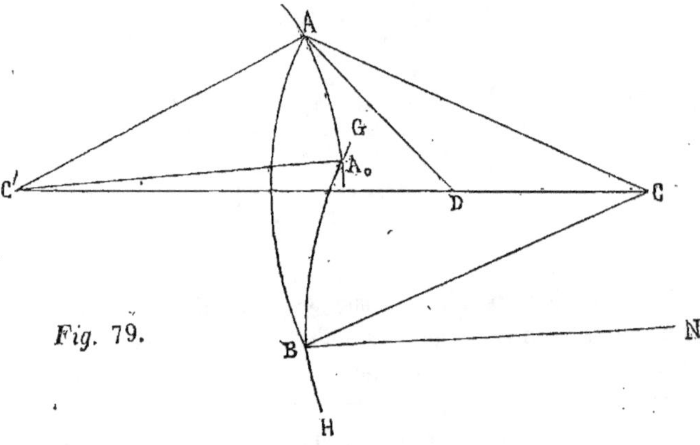

Fig. 79.

(fig. 79). Soit B le point de l'excentrique, qui vient passer en A, et BN la normale à l'excentrique en ce point B. Quand le point B arrive en A, CB arrive en CA ; et la normale BN vient prendre une position AD que l'on détermine en formant l'angle CAD égal à l'angle CBN, du même côté de AC que BN est de BC. La droite AD rencontrant CC' en D, on a, pour le rapport des vitesses de rotation,

$$\frac{a'}{a} = \frac{CD}{C'D} \; ;$$

et, le sens de la rotation autour du point C restant le même, celui de la rotation autour du point C' dépend de la position du point D par rapport aux points C et C'.

183. *Des positions limites du levier.* — Si CB_2 (fig. 78) est plus grand que CB_1, l'arc A_0A_2 est plus grand que l'arc A_0A_1 ; d'où l'on voit que le levier s'éloigne de C'C, en passant de la position $C'A_1$ à la position $C'A_2$. Si CB_5 est moindre que CB_4, l'arc A_0A_5 est moindre que l'arc A_0A_4 ; en sorte que le levier, pour passer de la position $C'A_4$ à la position $C'A_5$, se rapproche de C'C. Le sens de la rotation du levier a donc changé dans l'intervalle ; et, si l'on suppose que le point B_3 de l'excentrique soit plus éloigné du point C que ceux qui l'avoisinent, $C'A_3$ représente la position extrême du levier, dans laquelle s'effectue ce changement de sens.

Pour trouver l'autre position extrême du levier, dans laquelle il cesse de se rapprocher de C'C et commence à s'en éloigner, on chercherait sur l'excentrique, au-delà du point B_5, quel point est plus rapproché du point C que ceux qui l'avoisinent.

Si, pour assurer le mouvement alternatif du levier,

nous supposons tous les points de l'excentrique situés à une distance du point c, supérieure à $cc' - c'a_0$, mais inférieure à $cc' + c'a_0$ (n°. 180); le plus éloigné d'entre eux nous fera connaître alors le plus grand écartement du levier, et le plus rapproché, l'écartement le plus faible. Nous aurons donc ainsi deux limites que le levier ne peut dans aucun cas franchir, mais qu'il atteint à chaque tour de l'excentrique.

184. Supposons que $c'a$ (fig. 80) soit une position limite du levier qui, cessant de s'éloigner de $c'c$, com-

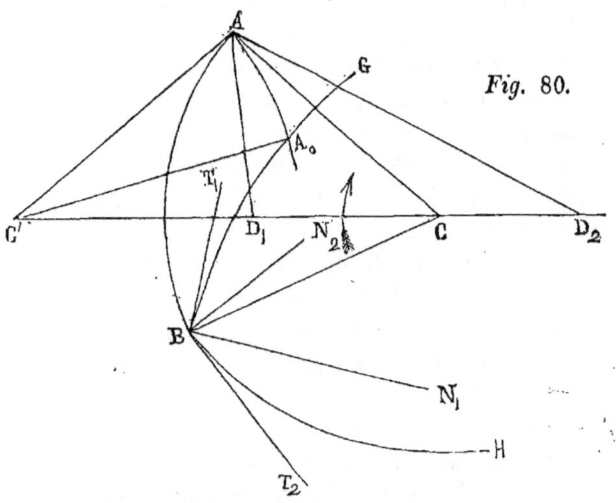

Fig. 80.

mence à s'en rapprocher. Le point correspondant, b, de l'excentrique est plus éloigné du point c que tous ceux qui l'avoisinent. Dans ce cas, il peut arriver que la ligne GH soit brisée au point b, c'est-à-dire que la tangente BT_1

au point B de l'arc BG, ne soit pas sur le prolongement de la tangente BT_2 au point B de l'arc BH. Il existe alors en B deux normales: l'une BN_1 pour l'arc BG, l'autre BN_2 pour l'arc BH. Quand le point B est en A, ces deux normales ont les positions AD_1 et AD_2 situées de part et d'autre de AC, comme BN_1 et BN_2 de part et d'autre de BC.

Considérons le moment qui précède le passage en A du levier et de l'excentrique. L'extrémité du levier parcourt, sur l'excentrique, le dernier élément de l'arc GB; AD_1 est la normale; le point D_1 est situé à gauche de C; le levier s'éloigne de C'C; et le rapport $\dfrac{a'}{a}$ est égal à $\dfrac{CD_1}{C'D_1}$.

Considérons le moment qui suit le passage en A du levier et de l'excentrique. L'extrémité du levier parcourt, sur l'excentrique, le premier élément de l'arc BH; AD_2 est la normale; le point D_2 est situé à droite de C; le levier se rapproche de C'C; et le rapport $\dfrac{a'}{a}$ est égal à $\dfrac{CD_2}{C'D_2}$.

Écartant le cas particulier où les deux rapports $\dfrac{CD_1}{C'D_1}$ et $\dfrac{CD_2}{C'D_2}$ seraient égaux entre eux, on peut dire alors qu'au moment du passage de l'excentrique au point A, le rapport $\dfrac{a'}{a}$ change brusquement de valeur; d'où résulte que, si l'excentrique conserve toujours la même vitesse, celle du levier change brusquement d'intensité. En même temps, d'ailleurs, cette dernière vitesse change de sens. On est donc assuré que le levier, à son passage par la position C'A, subit un changement brusque dans sa vitesse.

185. Il n'en est pas de même si, au point B, les deux

tangentes BT_1 et BT_2 (fig. 81) sont situées sur le prolongement l'une de l'autre. Dans ce cas, en effet, les deux
angles CBT_1 et CBT_2 sont droits : car autrement l'un d'eux

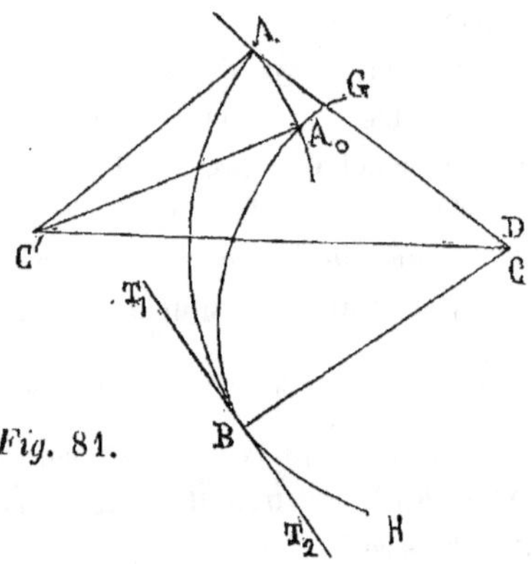

Fig. 81.

serait aigu, et l'autre obtus, et la ligne GH traverse-
rait, au point B, la circonférence de centre C et de rayon
CB : ce qui ne peut être, puisque, dans le voisinage du
point B, tous les points de l'excentrique sont plus rapprochés du point C que n'est le point B. Les angles CBT_1 et
CBT_2 étant droits, la normale unique au point B se confond
avec BC. Par conséquent, au moment où la rotation uniforme de l'excentrique amène en A le point B, la normale
vient prendre la position AC, et rencontre la droite CC' en
un point D qui se confond avec le point C. Alors, CD est

nul ; $C'D$, égal à $C'C$; $\dfrac{CD}{C'D}$ ou $\dfrac{a'}{a}$, à zéro ; a' est donc nul ; et

le levier arrive à la position $C'A$ avec une vitesse qui passe
par zéro, en même temps qu'elle change de sens. Ainsi,
aucun changement brusque ne survient dans la vitesse du
levier, lorsqu'il atteint la position $C'A$.

186. Si le point B de l'excentrique était plus rapproché du point C que tous ceux qui l'avoisinent, on pourrait, de même, supposer successivement la ligne GH brisée en ce point ou continue dans son cours ; et l'on reconnaîtrait encore que, pour la position correspondante du levier, qui cesse de se rapprocher de C'C et commence à s'en éloigner, la vitesse change brusquement dans le premier cas, et dans le second par degrés insensibles.

187. *Construire un système satisfaisant à des conditions données.* — Les positions successives du levier étant données, ainsi que les déplacements angulaires correspondants de l'excentrique, il s'agit de trouver la figure de cet excentrique.

Soit $C'A_0$ (fig. 78) la position initiale du levier ; soient $C'A_1$, $C'A_2$, ... des positions successives auxquelles correspondent les chemins angulaires c_1, c_2, ..., parcourus par l'excentrique. On mène les droites CA_1, CA_2, ..., d'une part ; et, de l'autre, les droites CB_1, CB_2, ... , formant avec les premières, et en arrière des premières par rapport au sens de la rotation autour de C, les angles A_1CB_1, A_2CB_2, ... respectivement égaux à c_1, c_2, ... On prend, sur les seconds côtés de ces angles, des longueurs CB_1, CB_2, ... respectivement égales aux longueurs CA_1, CA_2, ... ; et l'on obtient ainsi des points B_1, B_2, ... , qui, aussi bien que le point A_0, appartiennent à l'excentrique considéré dans sa position initiale : cela résulte de ce que, si l'on fait tourner successivement l'excentrique des quantités angulaires c_1, c_2, ... , dans le sens f, les points B_1, B_2, ... viennent successivement occuper les positions A_1, A_2, ...

Si donc on joint les points A_0, B_1, B_2, ... par un trait

continu , on aura , de l'excentrique , une figure d'autant
plus approchée de la véritable, que l'on considérera un plus
grand nombre de positions successives du levier, plus
voisines deux à deux.

II. Excentrique conduisant un levier qu'il touche suivant sa longueur.

188. Le plan de la figure , supposé perpendiculaire au
plan des deux axes c et c' (fig. 82), détermine , dans
l'excentrique , une sec-
tion limitée à la courbe
convexe GH (1) ; et, dans
le levier , une autre section dont il suffit de considérer une seule arête EF.
Cette arête, qui va passer
au-dessus du point c ,

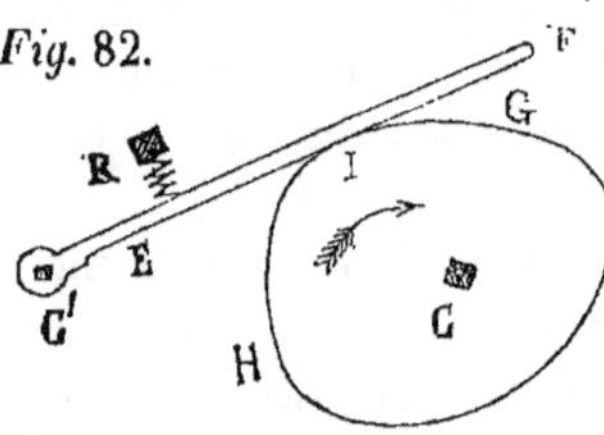

est assujettie à rester tangente à l'excentrique. Si , comme
on le supposera , la ligne GH diffère d'une circonférence
qui aurait son centre au point c, il est facile de reconnaître
qu'un mouvement continu de rotation de l'excentrique
détermine un mouvement alternatif de rotation du levier.

(1) Une ligne GH (fig. n) est dite-*convexe* lorsqu'elle ne
peut être rencontrée par une droite
AB en plus de deux points, M
et N.

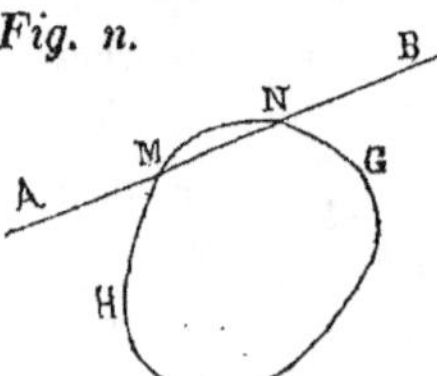

Si les points M et N sont infiniment voisins , la droite AB est
tangente à la ligne GH , et la laisse
ainsi tout entière d'un même côté.

189. Supposons donné l'excentrique GH dans sa position initiale; réduisons le levier à une droite issue du point c'; et déterminons, par une construction graphique, la loi de son mouvement, lorsque le mouvement de l'excentrique est donné.

La droite $c'A_0$ (fig. 83), menée par le point c', tan-

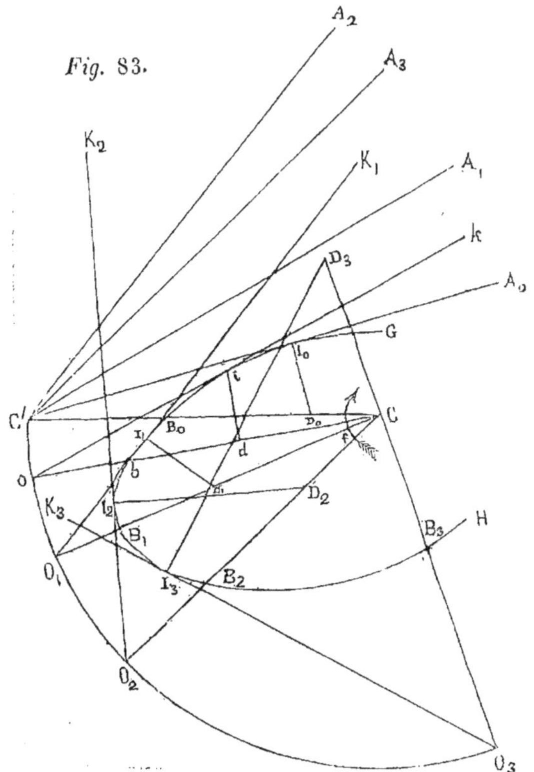

gentiellement à l'excentrique et au-dessus de $c'c$, représente la position initiale du levier. Soit B_0 le point de rencontre de cc' avec l'excentrique ; soient B_1, B_2, B_3, ... des points de l'excentrique, qui, pendant sa rotation, viennent rencontrer successivement cc'. Lorsque le point B_1 arrive sur cc', l'excentrique a tourné de la quantité angulaire B_0CB_1, et le levier s'est déplacé de manière à lui rester tangent. Pour connaître l'angle que le levier fait avec $c'c$, dans sa nouvelle position, il n'est pas nécessaire de déplacer l'excentrique. On peut faire tourner le point c' autour du point c, jusqu'à ce qu'il vienne en o_1, sur le prolongement de cB_1 ; mener, par le point o_1 et au-dessus de o_1c, une tangente o_1K_1 à l'excentrique ; et mesurer l'angle co_1K_1, qui est l'angle cherché. On voit en effet que, si l'on fait tourner solidairement l'excentrique et la tangente o_1K_1, dans le sens de la flèche f, de la quantité angulaire B_0CB_1, le point o_1 arrive en c', et la droite o_1K_1 dans la position qui convient au levier. Cette position $c'A_1$ s'obtient donc en formant, au point c' et au-dessus de $c'c$, l'angle $cc'A_1$ égal à l'angle co_1K_1.

On obtient de même les positions $c'A_2$, $c'A_3$, ... du levier, qui répondent aux chemins angulaires B_0CB_2, B_0CB_3, ... parcourus par l'excentrique dans le sens f, en prenant, sur les directions cB_2, cB_3, ..., les longueurs co_2, co_3, ... égales à cc' ; en menant, par les points o_2, o_3, ..., au-dessus de o_2c, o_3c, ..., les droites o_2K_2, o_3K_3, ... tangentes à l'excentrique ; et en formant, au point c', au-dessus de $c'c$, des angles $cc'A_2$, $cc'A_3$, ... respectivement égaux aux angles co_2K_2, co_3K_3, ...

190. Soit, pour la position initiale du système, I_0D_0

la normale commune à l'excentrique et au levier, rencontrant la droite CC' au point D_0 situé entre les points C et C'. Les vitesses initiales de rotation sont de sens contraires, c'est-à-dire que le levier commence par s'écarter de $C'C$; et l'on a , pour le rapport des vitesses de rotation ,

$$\frac{a'}{a} = \frac{CD_0}{C'D_0} .$$

Menons par les points I_1, I_2, I_3, ... de contact de l'excentrique avec les droites O_1K_1, O_2K_2, O_3K_3, ... , les normales I_1D_1, I_2D_2, I_3D_3, ... , qui rencontrent aux points D_1, D_2, D_3, ... les lignes CO_1, CO_2, CO_3, ... L'excentrique tournant successivement des quantités angulaires B_0CB_1, B_0CB_2, B_0CB_3, ... , les droites CO_1, CO_2, CO_3, ... s'appliquent successivement sur CC', et les lignes I_1D_1, I_2D_2, I_3D_3, ... viennent prendre successivement la position de la normale commune à l'excentrique et au levier : ce qui montre que le rapport $\dfrac{a'}{a}$ des vitesses de rotation prend successivement les valeurs

$$\frac{CD_1}{O_1D_1} , \quad \frac{CD_2}{O_2D_2} , \quad \frac{CD_3}{O_3D_3} , \quad ...$$

Si , comme dans le cas de la figure , les points D_1 et D_2 sont compris, le premier entre C et O_1, le second entre C et O_2, c'est que le levier , considéré dans les positions $C'A_1$ et $C'A_2$, se déplace en s'écartant de la droite $C'C$; si le point D_3 est situé au-delà du point C, c'est que le levier traverse la position CA_3 en se rapprochant de $C'C$.

191. Le sens de la rotation du levier ayant changé lorsqu'il atteint la position $C'A_3$, on peut se proposer de déterminer en quel lieu s'est effectué ce changement, et quel chemin angulaire de l'excentrique y correspond. Or, que l'on prenne sur l'excentrique un point quelconque b; que l'on amène le point c' en o, sur le prolongement de cb, au moyen d'une rotation autour de c; que l'on mène, par le point o, une tangente ok à l'excentrique; et, par le point i de contact, la normale id, qui rencontre en d la ligne co. Si le point b se déplace sur l'excentrique, le point d se déplace sur co et s'éloigne ou se rapproche du point c; quand le point b prend les positions successives B_1, B_2, B_3, le point d prend les positions successives D_1, D_2, D_3, les deux premières en-deçà, la dernière au-delà du point c; en sorte qu'il existe, entre les points B_2 et B_3, une position du point b pour laquelle le point d se confond avec le point c, ou pour laquelle le point i est le pied de la normale abaissée du point c sur l'excentrique.

Si donc on sait mener la normale ci (fig. 84), on

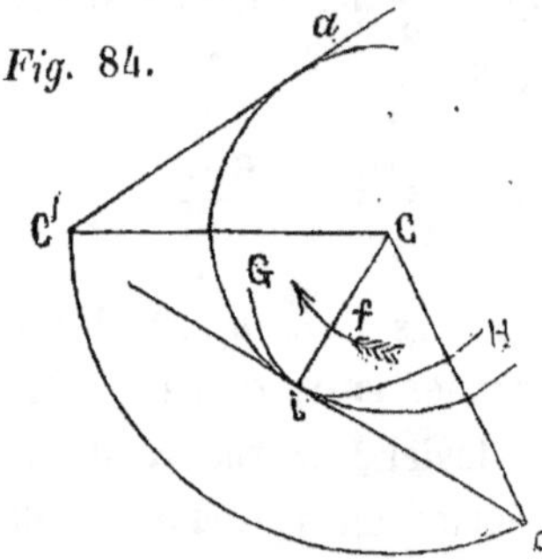

Fig. 84.

pourra déterminer le point i. Par ce point i, on mènera ensuite la tangente à l'excentrique, et on la prolongera, en sens contraire de la flèche f, jusqu'à sa rencontre en *o* avec la circonférence de centre c et de rayon cc′. Joignant co, on obtiendra l'angle c′co dont l'excentrique doit tourner pour amener le levier à sa position limite. Que l'on mène ensuite, par le point c′, au-dessus de c′c, la droite c′a tangente à la circonférence décrite du point c comme centre avec le rayon ci; cette droite, formant avec c′c un angle ac′c égal à ioc, fera connaître la position limite du levier.

182. Quelle que soit la forme de la ligne convexe GH, on conçoit qu'il existe toujours, pour le levier, deux positions limites, au moins, puisque son mouvement est alternatif. Par exemple, supposons que les circonférences décrites du point c comme centre (fig. 85), avec les

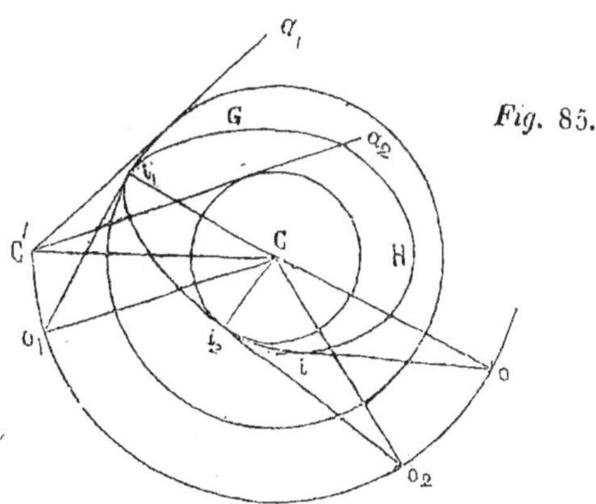

Fig. 85.

rayons ci_1 et ci_2, comprennent l'excentrique, et le touchent, l'une extérieurement au point i_1, l'autre intérieurement au point i_2. Les rayons ci_1 et ci_2 sont normaux à l'excentrique, et les droites i_1o_1 et i_2o_2, respectivement perpendiculaires à ces rayons, représentent des tangentes à l'excentrique. De ces deux tangentes, la première i_1o_1 est plus éloignée, et la seconde i_2o_2 plus rapprochée du point c que toute autre tangente io à l'excentrique supposé convexe. Il en résulte que l'angle o_1 est plus grand, et l'angle o_2 plus petit que tout autre angle o; en sorte que l'angle o_1 répond au plus grand écartement du levier, et l'angle o_2 à l'écartement le plus faible. Si donc on mène, par le point c', au-dessus de $c'c$, les droites $c'a_1$ et $c'a_2$, respectivement tangentes aux deux circonférences décrites du point c comme centre avec les rayons ci_1 et ci_2, on obtiendra les deux positions limites entre lesquelles oscille le levier lorsque l'excentrique fait un tour entier sur lui-même.

193. Proposons-nous maintenant de trouver la figure de l'excentrique, connaissant la loi du mouvement, c'est-à-dire connaissant la position initiale du levier, ses positions successives, et les chemins angulaires que parcourt l'excentrique, à partir de sa position initiale, pour amener le levier à chacune de ces positions successives.

Soit $c'A_0$ (fig. 83) la position initiale du levier; $c'A_1$, $c'A_2$, ... les positions particulières qu'il doit venir occuper successivement, après que l'excentrique a tourné, dans le sens de la flèche f, des quantités angulaires $c'co_1$, $c'co_2$, ... Il résulte de ce qui a été vu précédemment, que, si l'on prend les longueurs co_1, co_2, ... égales à cc', et, si l'on forme aux points o_1, o_2, ... les angles co_1K_1, co_2K_2, ... respectivement égaux aux angles $cc'A_1$, $cc'A_2$, ... , les droites o_1K_1, o_2K_2, ... que l'on obtient ainsi doivent, en même temps que la droite $c'A_0$, toucher l'excentrique, considéré dans sa position initiale. Si donc on trace à la main une ligne courbe GH satisfaisant à cette condition, elle fera connaître approximativement la figure de l'excentrique, et en différera d'autant moins que l'on aura pris un plus grand nombre de positions particulières du levier, et qu'elles seront, deux à deux, plus rapprochées.

---

§ 4. CAMES DES MARTEAUX.

(TRANSFORMATION D'UN MOUVEMENT CONTINU DANS UN MOUVEMENT ALTERNATIF.)

194. Les *cames* des marteaux, distribuées à la circonférence d'une roue, peuvent être assimilées à des excentriques. Toutefois, elles en diffèrent en ce qu'elles ne font mouvoir le marteau que dans un seul sens, l'action de la pesanteur le faisant mouvoir en sens contraire, et concourant ainsi, avec la pression de la came sur le manche, à produire le mouvement alternatif du marteau.

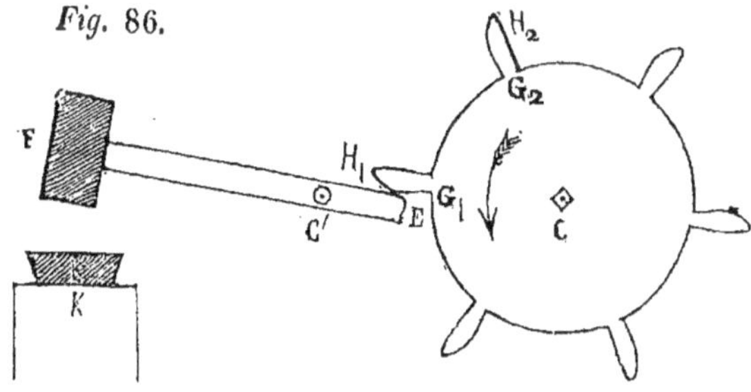

Fig. 86.

Par exemple, le marteau EF (fig. 86), mobile autour

du point c', étant horizontal, et sa tête F reposant sur l'enclume K, la came G_1H_1 de la roue C vient rencontrer l'extrémité E du manche, et l'abaisse. La tête F s'élève; et son mouvement d'ascension ne s'arrête qu'au moment où la came quitte le manche. Le marteau retombe alors sur l'enclume, et reprend sa position horizontale pendant un temps très-court, au bout duquel une autre came G_2H_2 vient le saisir. Une seconde période de mouvement succède à la première, et lui est identique; puis une troisième, une quatrième, etc.

195. On peut se proposer de déterminer la figure des cames, de manière que le rapport des vitesses de rotation de la roue et du marteau soit constant. Leur profil, alors, se construit comme celui des dents d'une roue d'engrenage, et dépend du profil du manche du marteau.

Supposons (fig. 86 a) que la came GH saisisse le manche

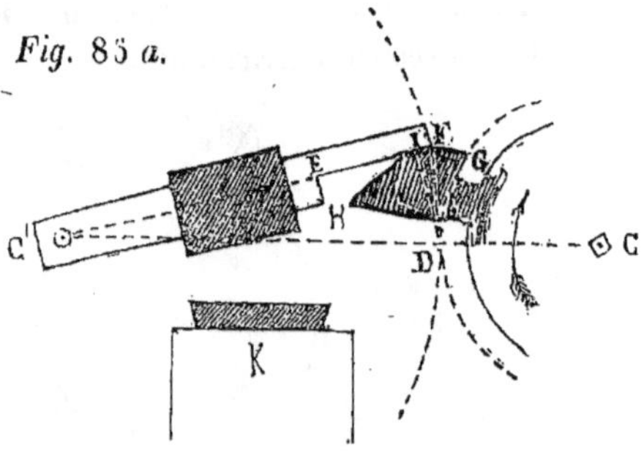

Fig. 85 a.

au-delà de la tête, par une face dont le profil rectiligne EF, prolongé, passe par le centre c'. Cette face EF peut alors être assimilée à un flanc droit; et, si D est le point de contact des circonférences primitives du système, l'excentrique doit être limité par un arc d'épicycloïde, GH, dont le cercle générateur, roulant contre la circonférence CD, aurait c'D pour diamètre. Le point ı de contact de la came et du manche est situé au pied de la perpendiculaire abaissée du point D sur EF; et, lorsque ce point de contact arrive en l'extrémité H de l'arc GH, il n'y a pas, comme dans le cas des roues d'engrenage, séparation subite du flanc EF et de la face GH, parce qu'il n'y a pas prise ailleurs; mais l'extrémité H de la came conduit encore le marteau, en s'éloignant du centre c', et le rapport des vitesses de rotation cesse d'être constant; puis, le point H étant arrivé en l'extrémité F, la came abandonne le marteau, qui retombe.

Supposons maintenant (fig. 86 *b*) qu'au-delà de la tête

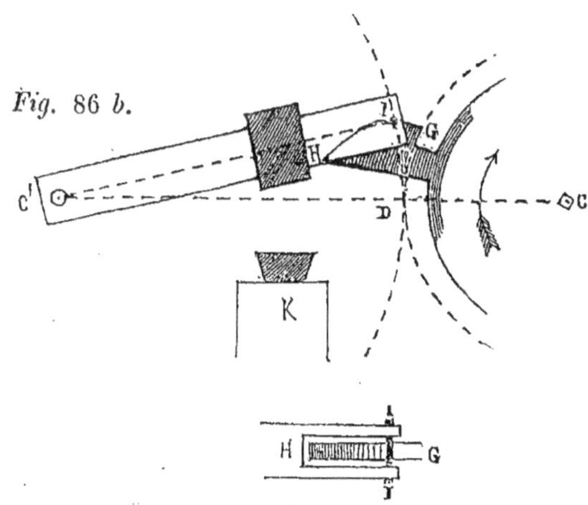

Fig. 86 *b*.

du marteau, le manche, entaillé dans sa dimension parallèle à l'axe, se bifurque de manière à laisser passage à la came GH. Disposons, dans l'intervalle laissé libre, une traverse ou fuseau cylindrique I, parallèle à l'axe, et dont nous négligerons le diamètre. Imaginons que, dans sa position initiale, le fuseau I se trouve au point D de contact des deux circonférences primitives, en même temps que l'origine G de la came. Si la roue C tourne, la came chasse devant elle le fuseau I, et par suite soulève le marteau. Après le déplacement, et pour toute position du système, on a (n°. 144)

$$\text{arc DI} = \text{arc DG.}$$

Le point I est donc, dans toutes ses positions, situé sur l'épicycloïde d'origine G, dont le cercle générateur, de rayon C'D, roulerait contre le cercle de rayon CD. Cette épicycloïde doit donc constituer le profil GH de l'excentrique.

---

§ 5. TRANSMISSION INTERMITTENTE.

(TRANSFORMATION D'UN MOUVEMENT ALTERNATIF DANS UN MOUVEMENT CONTINU.)

196. O et C (fig. 87 et 88) sont deux centres de rotation. Une roue, munie de douze dents équidistantes, est mobile autour du centre C. Ces dents A, B, ..., G, H, ..., dont il suffit de considérer les seules extrémités, se terminent à une circonférence de centre C, divisée en vingt-quatre parties égales, et dont les points de division, 1, 2, 3, ..., restent fixes dans l'espace pendant le mou-

vement du système. Supposons d'abord (fig. 87) que les
dents de la roue correspondent aux nombres pairs. Pre-

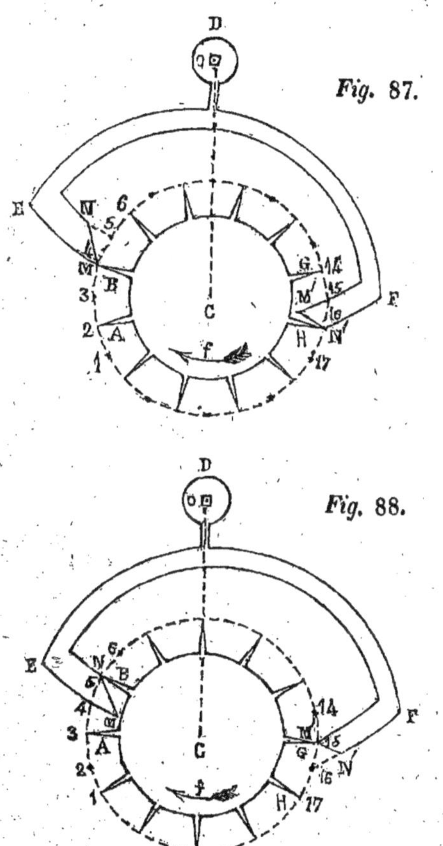

Fig. 87.

Fig. 88.

nons arbitrairement deux points de division [4] et [16],
situés de part et d'autre de la droite oc; plaçons le point

M en [4], le point N' en [16]. Décrivons autour du point
O, et dans le même sens, les deux arcs de cercle [5] N et
[15] M', partant des points [5] et [15], et correspondant
l'un et l'autre à un angle au centre O, égal à *u*. Traçons
les droites MN et M'N'; et concevons que ces droites représentent deux faces ou plans inclinés qui terminent les deux
bras d'une *ancre* ou *fourchette*, DEF, mobile autour du
point O.

L'ancre tourne de gauche à droite, de la quantité angulaire *u*; le plan MN chasse devant lui la dent B; celle-ci
glisse contre ce plan, en allant de M en N, et arrive en [5]
avec N. En même temps, arrivent en [15] la dent G d'une
part, en vertu du mouvement de la roue, le point M' de
l'autre, par suite du mouvement de l'ancre. La roue a fait
alors un vingt-quatrième de tour, dans le sens *f*; et toutes
les dents correspondent aux nombres impairs (fig. 88).

Faisons maintenant tourner l'ancre de droite à gauche,
de la même quantité angulaire *u*. Le plan M'N' chasse devant lui la dent G; celle-ci glisse contre ce plan, en allant
de M' en N', et arrive en [16] avec N'. En même temps,
arrivent en [4] la dent A d'une part, en vertu du mouvement de la roue, le point M de l'autre, par suite du mouvement de l'ancre. Cette ancre reprend alors sa position
initiale, représentée *figure* 87; la roue achève, dans le
même sens que précédemment, un second vingt-quatrième de tour; et toutes les dents correspondent aux
nombres pairs, comme à l'époque initiale, A ayant pris
toutefois la place de B, G celle de H, etc.

Ainsi, pendant que l'ancre effectue sa double oscillation,
la roue exécute un douzième de tour, chaque dent venant
prendre la place de celle qui la précède.

Il est facile maintenant d'apercevoir qu'à chaque double oscillation nouvelle de l'ancre, la roue effectuera, dans le sens f, un nouveau douzième de tour : en sorte que, si l'ancre oscille indéfiniment autour du point o, la roue tournera, d'un mouvement continu, autour du point c. La transformation du mouvement est donc réalisée.

197. Toutefois, pour que les choses se passent comme nous l'avons expliqué, il ne suffit pas qu'à chaque oscillation commençante, l'origine M (fig. 87) ou M′ (fig. 88) du plan conducteur corresponde à l'extrémité d'une dent ; il faut encore que cette extrémité se trouve engagée sur le premier élément du plan. On satisfait à cette condition de la manière suivante.

On modifie d'abord la figure de l'ancre, en faisant tourner l'un de ses bras, sans l'autre, autour du point o, de la quantité angulaire $u′$ très-petite, de manière à écarter l'une de l'autre les deux faces MN et M′N′. On remarque alors que l'ancre ainsi modifiée peut, comme dans le cas précédent, servir à transmettre le mouvement de rotation. Seulement, à la fin de chaque oscillation simple, l'origine du plan qui deviendra conducteur dans l'oscillation suivante, est située en dehors de la circonférence des points 1, 2, 3, … ; et, lorsque cette nouvelle oscillation s'effectue, l'ancre commence par décrire à vide l'angle $u′$, puis arrive en contact avec une dent de la roue, et la conduit en décrivant l'angle u. Dans ce cas, l'amplitude de l'oscillation est égale, non plus à u, mais à $u + u′$; le jeu laissé entre l'ancre et la roue est mesuré par l'angle $u′$; et le mouvement de la roue est intermittent.

Les deux branches ainsi écartées, que l'on prolonge

chacun des plans au-delà de son origine, d'aussi peu que l'on voudra ; ces prolongements ne gêneront en rien le libre passage des dents de la roue ; et l'on sera sûr qu'à chaque rencontre de l'ancre et de la roue, l'extrémité de la dent vient s'engager sur l'élément du plan qui lui correspond. La transmission du mouvement sera donc assurée d'une manière complète, cette transmission étant d'ailleurs intermittente, à cause du jeu u' ménagé entre l'ancre et la roue.

SECONDE SECTION.

AXES CONCOURANTS.

§ 1er. DES VITESSES RELATIVES DE ROTATION.

198. Les deux corps dont on veut étudier le mouvement sont terminés par des surfaces coniques ayant leurs sommets situés au point O de concours des deux axes OP et OP' (fig. 89). Une sphère de centre O et d'un rayon arbitraire rencontre les axes en des points P et P', et détermine, dans les surfaces coniques, des sections AB et A'B', dont il suffit de considérer les déplacements sur la sphère, autour des pôles res-

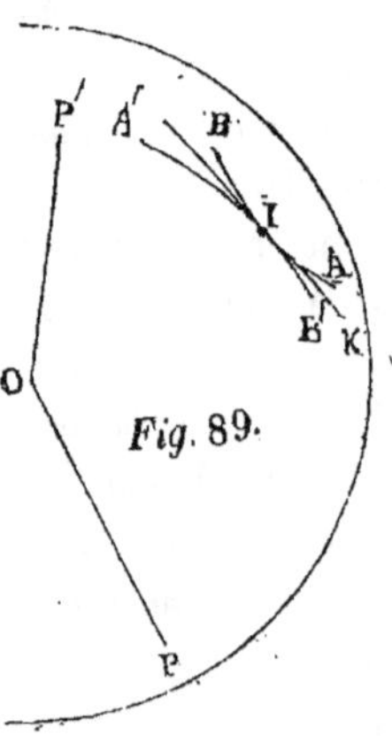

pectifs P et P', pour connaître les déplacements des corps
eux-mêmes.

199. Les lignes AB et A'B' restant toujours en contact,
on fait tourner infiniment peu la première autour du pôle
P, avec une vitesse angulaire a; la seconde se déplace
alors en tournant infiniment peu autour du pôle P', avec
une vitesse angulaire a'. On se propose de déterminer le
rapport de ces vitesses.

200. On supposera pour cela (fig. 90) que, dans le
voisinage du point I de contact, les courbes AB et A'B'

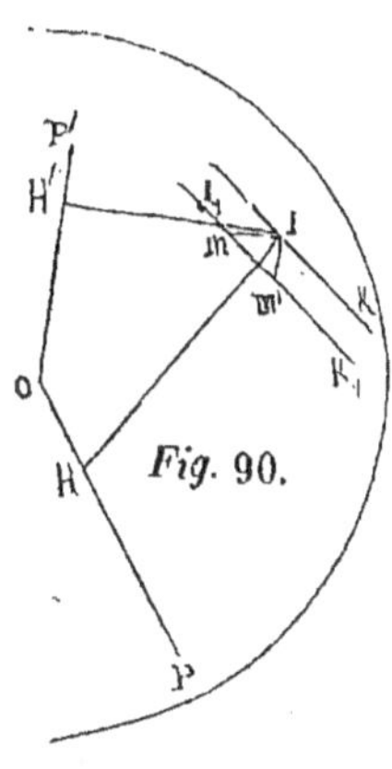

Fig. 90.

se confondent avec leur tangente commune IK, laquelle
est nécessairement située dans
le plan tangent à la sphère
au point I; puis, après le
déplacement infiniment petit
du système, I_1 étant le nouveau point de contact, et I_1K_1
la nouvelle tangente commune,
supposée confondue avec les
deux courbes dans le voisinage
du point I_1, on raisonnera
comme si cette droite I_1K_1
était située dans le plan tangent à la sphère au point I,
et parallèle à la droite IK. Il ne résultera aucune erreur
de cette manière de procéder, parce qu'il s'agit seulement,
pour les deux lignes en contact, de déplacements élémentaires.

201. Cela posé, on peut dire que le point I de la ligne

AB, en tournant autour du pôle P, décrit un élément IM qui se termine sur la droite I_1K_1; tandis que le point I de la ligne A'B', en tournant autour du pôle P', décrit un élément IM' terminé sur la même droite I_1K_1. Si donc on abaisse du point I, sur les axes OP et OP', les perpendiculaires IH et IH', les rapports $\dfrac{IM}{IH}$ et $\dfrac{IM'}{IH'}$ représenteront les chemins angulaires que décrivent les lignes AB et A'B' autour de leurs axes respectifs OP et OP'; et l'on pourra poser

$$\frac{a}{a'} = \frac{IM}{IH} : \frac{IM'}{IH'} \, .$$

202. Or, on peut trouver, du rapport $\dfrac{IM}{IH} : \dfrac{IM'}{IH'}$, une expression très-simple, analogue à celle que l'on a trouvée précédemment, dans le cas du mouvement d'une figure plane dans son plan. En effet, traçons (fig. 91) les arcs de grand cercle PP', IP et IP'; menons, suivant le rayon OI perpendiculaire à la tangente commune IK, le plan normal commun aux deux courbes AB et A'B', lequel coupe la sphère suivant un arc de grand cercle IDJ rencontrant en D l'arc PP', et en L l'arc MM' confondu avec le segment MM' de la droite I_1K_1; joignons OD. Abaissons du point P, sur le plan IOD de l'arc ID, la perpendiculaire PE; et, du pied E, sur les droites OD et OI, les perpendiculaires EF et EG; joignons les pieds F et G au point P; nous obtenons ainsi les angles rectilignes EFP et EGP qui mesurent les angles dièdres PDJ et PID. Construisons de même les angles rectilignes E'F'P' et E'G'P' qui mesurent les angles dièdres P'DI et P'ID. Considérons maintenant le triangle rectangle

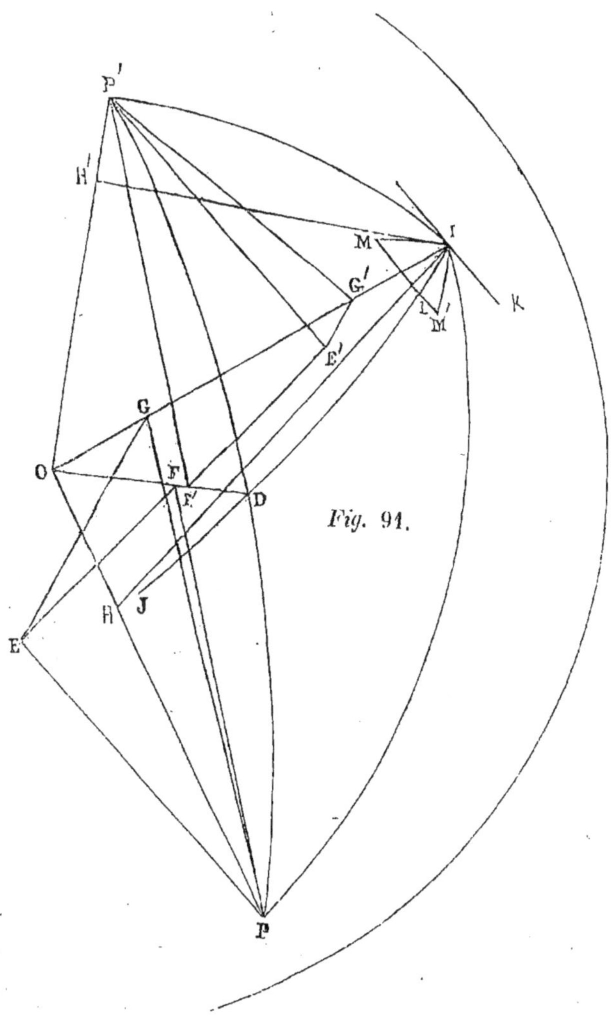

Fig. 91.

élémentaire ILM , dont le côté ML, parallèle à IK , est perpendiculaire au plan de l'arc ID ; et dont le côté IM, décrit du pôle P , est perpendiculaire au plan de l'arc IP. L'angle en M de ce triangle mesure par conséquent l'angle dièdre PID : en sorte qu'il est égal à l'angle en G du triangle rectangle PEG. Les deux triangles rectangles ILM et PEG sont donc semblables : ce qui donne la proportion

$$\frac{IM}{PG} = \frac{IL}{PE}.$$

La comparaison des deux triangles ILM' et P'E'G' fournit de même la proportion

$$\frac{IM'}{P'G'} = \frac{IL}{P'E'}.$$

Mais, d'une autre part, puisque les longueurs OI , OP et OP' sont égales, les droites PG et P'G', qui mesurent les distances des points P et P' à la droite OI, sont respectivement égales aux droites IH et IH', qui mesurent les distances du point I aux droites OP et OP'. On a donc, en rapprochant les résultats qui précèdent ,

$$\frac{a}{a'} = \frac{IM}{PG} : \frac{IM'}{P'G'} = \frac{IL}{PE} : \frac{IL}{P'E'},$$

ou

$$\frac{a}{a'} = \frac{P'E'}{PE}.$$

203. Remarquons maintenant que les deux triangles rectangles PEF et P'E'F' sont semblables , parce qu'ils ont les angles en F et en F' égaux entre eux , comme mesurant les dièdres PDJ et P'DI opposés par le sommet. Ces deux triangles donnent donc la proportion

$$\frac{P'E'}{PE} = \frac{P'F'}{PF} \; ;$$

par conséquent on a aussi

$$\frac{a}{a'} = \frac{P'F'}{PF} \cdot$$

204. On peut énoncer ces résultats en disant que, si deux lignes AB et A'B', situées sur une sphère, tournent respectivement autour des pôles P et P', en restant toujours en contact, le rapport de leurs vitesses de rotation est, à chaque instant, égal au rapport inverse des distances des pôles P et P' au plan normal commun à ces deux lignes ; ou qu'il est égal, à chaque instant, au rapport inverse des distances des pôles P et P' à la droite OD d'intersection du plan des deux axes OP et OP' avec le plan normal commun.

205. Il suit de cette dernière propriété que, si, dans toutes les positions du système, le plan normal commun coupe toujours le plan des deux axes suivant la même ligne, ou s'il coupe toujours au même point l'arc de grand cercle qui joint les deux pôles, le rapport des vitesses de rotation est constant.

---

§ 2. ENGRENAGE CONIQUE.

(TRANSFORMATION ENTRE MOUVEMENTS CONTINUS.)

I. Principe de l'engrenage.

206. On veut choisir les lignes AB et A'B' de telle

sorte que le rapport $\dfrac{a}{a'}$ des vitesses de rotation soit constamment égal à la fraction $\dfrac{n}{n'}$.

On prend, pour cela, sur les droites OP et OP' (fig. 92) les longueurs ON et ON' proportionnelles aux nombres n et n';

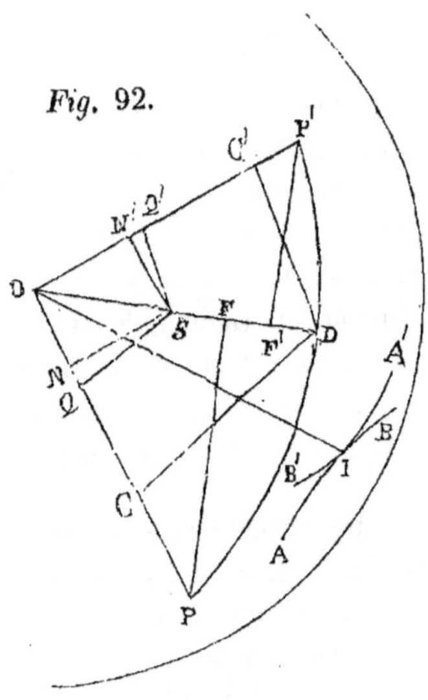

Fig. 92.

on construit sur ON et ON' le parallélogramme ONSN'; on tire la diagonale OS; et l'on impose au plan normal commun la condition de passer constamment par OS. On est sûr alors d'avoir donné aux lignes AB et A'B' la figure qui leur convient.

En effet, si du point s on abaisse sur OP et sur OP' les perpendiculaires SQ et SQ', et si des points P et P' on abaisse sur OS les perpendiculaires PF et P'F', les triangles semblables

OP′F′ et OSQ′ donnent l'égalité

$$\frac{P'F'}{OP'} = \frac{SQ'}{OS} \; ;$$

et les triangles semblables OPF et OSQ, l'égalité

$$\frac{PF}{OP} = \frac{SQ}{OS} \; ;$$

ce qui, OP′ étant égal à OP, entraîne la proportion

$$\frac{P'F'}{PF} = \frac{SQ'}{SQ} \; .$$

D'ailleurs, les triangles semblables SQ′N′ et SQN donnent eux-mêmes

$$\frac{SQ'}{SQ} = \frac{SN'}{SN} = \frac{ON}{ON'} \; ,$$

c'est-à-dire

$$\frac{SQ'}{SQ} = \frac{n}{n'} \; .$$

On a donc, enfin,

$$\frac{P'F'}{PF} = \frac{n}{n'} \; .$$

Si donc on assujettit le plan normal commun à passer constamment par la droite OS, on aura (n°. 203), pour toutes les positions du système, la proportion

$$\frac{a}{a'} = \frac{n}{n'} \; :$$

ce qu'il fallait démontrer.

207. Prolongeons la ligne OS jusqu'à la rencontre de l'arc de grand cercle PP′ au point D ; et du point D abaissons, sur les axes OP et OP′, les perpendiculaires DC et DC′, qui sont respectivement égales aux perpendiculaires PF et P′F′. Des points P et P′, comme pôles, avec les arcs de grand cercle respectifs PD et P′D, décrivons deux petits cercles. Ces petits cercles sont tangents l'un à l'autre; leurs plans sont respectivement perpendiculaires aux droites OP et OP′; leurs rayons r et r', respectivement égaux aux droites DC et DC′, ou aux droites PF et P′F′ : en sorte qu'on a la relation

$$\frac{r'}{r} = \frac{n}{n'} .$$

Si donc le cercle de centre C se meut solidairement avec la ligne AB, et le cercle de centre C′, solidairement avec la ligne A′B′, il résulte de ce qui a été vu au n°. 88, que les deux circonférences de centre C et C′ roulent l'une contre l'autre, puisqu'à chaque instant l'on a

$$\frac{a}{a'} = \frac{r'}{r} .$$

On peut donner à ces circonférences le nom de *circonférences primitives de l'engrenage sphérique.*

208. On donne aussi le nom de *cônes primitifs* de l'engrenage aux deux cônes circulaires droits de sommet commun O, ayant pour bases les cercles C et C′, pour hauteurs les droites OC et OC′, et qui roulent l'un contre l'autre pendant que la ligne AB, mobile autour du pôle P, conduit la ligne A′B′ mobile autour du pôle P′.

II. Tracé géométrique; solution générale.

209. Il est facile de déduire de ce qui précède, un procédé graphique pour construire la dent sphérique A′B′ (fig. 93),

quand on donne la dent sphérique AB, qui rencontre en o
la circonférence primitive de pôle P. On prend, pour cela,

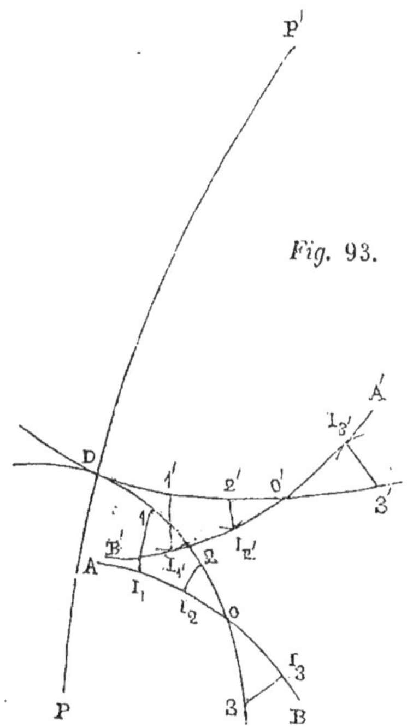

Fig. 93.

sur la circonférence primitive de pôle P', et du même
côté de PP' que le point o, un arc DO' égal à l'arc DO ; on
prend arbitrairement, sur la première circonférence, et
de part et d'autre du point o, des points 1, 2, 3, ...
suffisamment rapprochés deux à deux ; on mesure, sur la
seconde, les arcs D1', D2', D3', ... respectivement égaux
aux arcs D1, D2, D3, ... ; des points 1, 2, 3, ... on
abaisse, sur AB, des arcs de grand cercle $1\iota_1$, $2\iota_2$, $3\iota_3$.

... normaux à AB, les deux premiers intérieurs, le troisième extérieur à la circonférence P; des points 1′, 2′, 3′..., comme pôles, avec des arcs de grand cercle respectivement égaux à 11_1, 21_2, 31_3, ..., on décrit des arcs de petit cercle; on détermine les points de rencontre $I_1′$, $I_2′$, $I_3′$, ... de ces arcs de petit cercle avec les arcs de grand cercle menés par les points 1′, 2′, 3′, ..., et formant avec les prolongements des arcs de grand cercle P′1′, P′2′, P′3′, ..., les mêmes angles que forment avec les arcs de grand cercle 1P, 2P, 3P, ... les arcs de grand cercle 11_1, 21_2, 31_3, ...; on trace enfin sur la sphère une ligne continue passant par les points $I_1′$, $I_2′$, $O′$, $I_3′$, ..., et touchant ces petits cercles, les deux premiers extérieurement à la circonférence primitive P′, le troisième intérieurement.

Nous laissons au lecteur le soin de justifier cette construction. La marche à suivre est la même que celle qui a été suivie (n°. 145 et suivants) dans le cas des engrenages cylindriques. Seulement, on y devra substituer aux figures tracées sur un plan, des figures tracées sur une sphère; aux centres de rotation, des pôles de rotation; aux droites obliques ou normales, des arcs de grand cercle obliques ou normaux.

TROISIÈME SECTION.

AXES NON SITUÉS DANS LE MÊME PLAN.

210. On considèrera seulement le cas où les axes sont perpendiculaires entre eux et où le rapport des vitesses de rotation doit être constant. La transmission du mouvement se réalise au moyen d'une vis mobile autour de son axe, et dite *vis sans fin*, dont le filet engrène avec les dents d'une roue tournant sur son centre.

VIS SANS FIN.

211. On donne le nom de *vis* à un cylindre circulaire droit, revêtu d'un filet hélicoïde qui s'applique exactement, par l'une de ses faces, sur la surface convexe du cylindre. On peut concevoir la surface extérieure de ce filet hélicoïde (fig. 94) comme engendrée par une ligne plane EFG, dont les deux extrémités E et G sont situées sur une génératrice XY du cylindre, et dont le plan prolongé va rencontrer l'axe.

212. Imaginons, dans ce plan, une roue dont nous négligerons l'épaisseur, et dont les dents KLM viennent successivement s'engager entre les tours de spire du filet. Suppo-

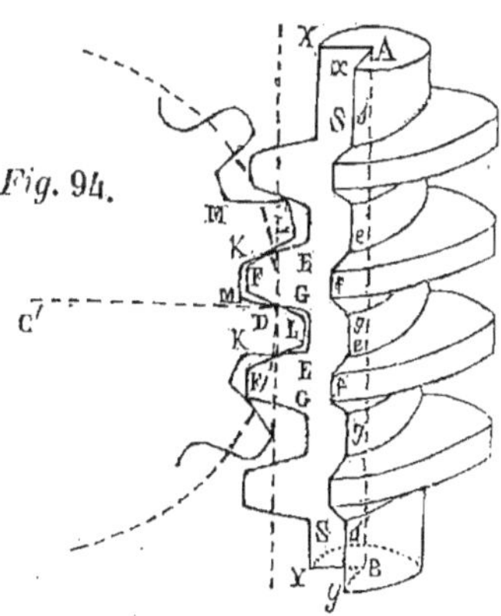

Fig. 94.

sons que la vis soit mobile autour de l'axe AB du cylindre, et que la roue puisse tourner autour de la droite perpendiculaire à son plan et passant par son centre c'. Si la vis reste fixe, tout mouvement de la roue est impossible ; et, si la vis tourne sur son axe, elle détermine la rotation de la roue sur son centre (1).

213. Considérée dans son action sur la roue, la vis peut être réduite à la section s qu'y détermine le plan de la roue, prolongé jusqu'à la rencontre de l'axe AB. Cette section se compose d'une génératrice XY du cylindre, sur laquelle s'appuient les lignes EFG, toutes égales entre elles, assimilables à des dents, et dont l'espacement est égal au pas h de la vis. Si l'on mène par l'axe du cylindre tant de plans que l'on voudra, ces plans couperont la vis suivant des sections toutes égales à la section s, qui viendront successivement remplacer la section s dans le plan de la roue, et que l'on pourra considérer comme les positions successives de la section s elle-même, qui glisserait dans son plan parallèlement à l'axe.

Soit, par exemple, une section s, dont le plan, renfermant la génératrice xy, forme avec celui de s l'angle A : en sorte que s vient remplacer s après une rotation A de la vis. Soit H la distance des deux plans menés perpendiculairement à l'axe par deux points correspondants, E et e, des deux sections, ou par deux points appartenant à une même hélice. Si, après la rotation, l'on regarde s comme une nouvelle position de s, on peut dire alors que s s'avance de la quantité H quand le cylindre tourne de la quantité A ; et, comme le rapport de H à A a la valeur

(1) A gauche de l'axe AB, on a réduit la figure à une simple coupe faite dans la vis et dans la roue. A droite et devant, la vis est représentée en perspective.

constante $\dfrac{h}{2\pi}$ (n°. 27), il en résulte que, le mouvement de rotation de la vis sur son axe étant supposé uniforme et indéfini, le mouvement de translation de la section s, parallèlement à l'axe, est lui-même uniforme et indéfini ; et que le rapport de la vitesse v de translation à la vitesse a de rotation est égal à celui de h à 2π.

Si donc on veut que le mouvement uniforme de rotation de la vis détermine le mouvement uniforme de rotation de la roue c', il faut faire en sorte que le mouvement uniforme de translation de la section s détermine le mouvement uniforme de rotation de la roue c'. Soit r' le rapport constant qui doit exister entre la vitesse v de la translation et la vitesse de rotation a' de la roue. Il importe, pour obtenir un pareil rapport, de choisir convenablement la figure de la section s et la figure de la roue c' supposée sans épaisseur. C'est là un problème que nous résoudrons dans la suite, lorsque le mouvement de translation de la section s, au lieu d'être purement fictif, comme dans le cas qui nous occupe, sera celui d'une crémaillère réduite à son profil et glissant suivant sa longueur.

214. La figure de la section s une fois obtenue, on connaît, par cela même, le pas du filet hélicoïde et la génératrice de ce filet ; la vis est donc complètement déterminée. Mais, pour la roue, on en connaît seulement la section qu'y détermine un plan perpendiculaire à son axe et renfermant l'axe de la vis ; en sorte qu'il faudrait maintenant restituer à la roue son épaisseur et chercher la surface latérale des dents. Nous nous bornerons à remarquer que cette surface latérale, au lieu d'être cylindrique, comme dans le cas des engrenages plans ou dans celui des crémaillères, doit présenter une certaine courbure particulière, qui assure son contact avec le filet de la vis de part et d'autre du plan de la section s considérée.

215. Il résulte de la définition même du rapport r', que l'on a

$$v = a'.r'.$$

La relation

$$\frac{v}{a} = \frac{h}{2\pi}$$

peut donc s'écrire

$$\frac{a'.r'}{a} = \frac{h}{2\pi} ,$$

ou, en divisant par r' les deux membres de l'égalité,

$$\frac{a'}{a} = \frac{h}{2\pi r'}.$$

On verra plus tard que la circonférence de centre c', décrite dans le plan de la roue avec un rayon $c'D$ égal à r', doit couper toutes les dents de la roue. Cette longueur r', nous l'appellerons, à cause de cela, le *rayon* de la roue ; et nous énoncerons la propriété renfermée dans la relation précédente, en disant que la vitesse de rotation de la roue est à la vitesse de rotation de la vis dans le rapport du pas de la vis à la circonférence de la roue.

216. Il faut remarquer, d'ailleurs, que nous n'avons fait aucune hypothèse particulière sur l'intensité de la vitesse a, et que nous l'avons seulement supposée constante. Rien n'empêche maintenant de supposer cette vitesse variable. Dans chacun des éléments successifs du temps, on peut la regarder encore comme constante ; la vitesse a', qui lui correspond à chaque fois, est constante elle-même, et son rapport à a est celui de h à $2\pi r'$.

Mais cette vitesse a', constante pendant chacun des éléments successifs du temps, varie, comme a, d'un élément au suivant : c'est-à-dire que la disposition décrite précédemment dans l'hypothèse des mouvements uniformes, peut également servir à transmettre un mouvement variable, le rapport des vitesses angulaires de rotation satisfaisant, à chaque instant, à la condition

$$\frac{a'}{a} = \frac{h}{2\pi r'} \, .$$

CHAPITRE II.

TRANSMISSION DU MOUVEMENT AU MOYEN D'UNE BIELLE.

217. Concevons que deux corps s et s′, mobiles autour de deux axes distincts A et A′, soient reliés l'un à l'autre au moyen d'une barre rigide ou bielle, offrant deux articulations, dont l'une a pour centre le point B du corps s, et l'autre le point B′ du corps s′. La distance BB′ est alors invariable ; en sorte que, si s tourne autour de A, le point B, qui se meut avec s, entraîne le point B′, ce qui détermine le mouvement de rotation de s′ autour de A′ ; et réciproquement, s′, en tournant autour de A′, détermine la rotation de s autour de A.

La bielle a pour longueur la distance constante BB′; et l'on peut, sans inconvénient, la réduire à la droite BB′, en même temps que l'on réduit les corps S et S′ aux perpendiculaires abaissées respectivement, des points B et B′, sur les axes A et A′. Ces perpendiculaires, qui sont les rayons des circonférences décrites par les points B et B′, constituent des *manivelles* lorsque la rotation est continue, et des *balanciers* ou des *leviers* lorsque la rotation est alternative.

Remarquons encore que, si les axes A et A′ sont parallèles, on peut substituer aux centres d'articulation B et B′, des axes d'articulation passant par ces points eux-mêmes et dirigés parallèlement aux droites A et A′ : ce qui revient à adapter aux extrémités libres des deux bras AB et A′B′ (fig. 95) deux boutons cylindriques circulaires droits

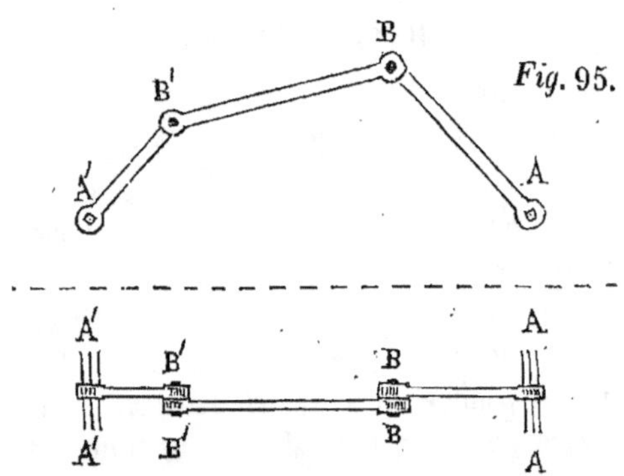

B et B′, ayant leurs axes parallèles aux axes de rotation A et A′, remplissant exactement deux trous cylindriques pratiqués aux extrémités de la bielle BB′, et tournant dans

l'intérieur de ces trous cylindriques, sans séparation des surfaces en contact.

PREMIÈRE SECTION.

AXES PARALLÈLES.

(TRANSFORMATION ENTRE MOUVEMENTS CONTINUS OU ALTERNATIFS.)

§ 1ᵉʳ. PROPRIÉTÉS GÉNÉRALES.

218. Les deux axes, perpendiculaires au plan de la figure, le rencontrent en des points A et A′ (fig. 96) ; les

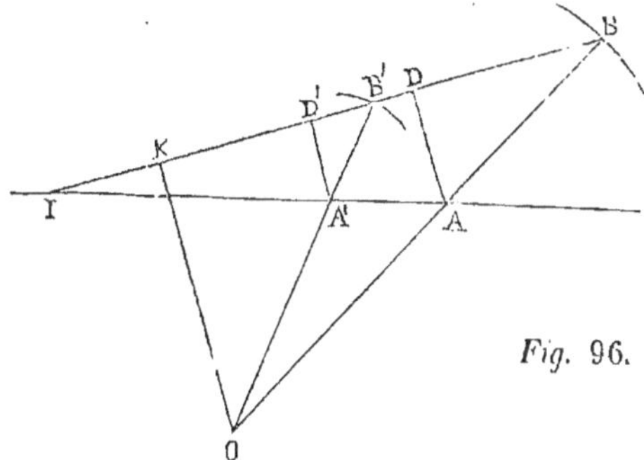

Fig. 96.

deux rayons AB et A′B′ sont dans le plan de la figure, et par conséquent la bielle BB′ s'y trouve elle-même.

On va chercher d'abord, pour une position particulière quelconque du système, le rapport des vitesses angulaires, a et a', des rotations autour des axes A et A′. On représentera par d la distance AA$'$ de ces deux axes, par r et r' les rayons AB et A$'$B$'$ des circonférences que décrivent les points B et B$'$, par l la longueur de la bielle BB$'$.

219. *Rapport des vitesses.* — On sait que le centre instantané de rotation de la bielle est situé (n°. 46) au point de concours des normales menées par les points B et B$'$ aux deux trajectoires que décrivent ces points B et B$'$, c'est-à-dire au point O de rencontre des rayons AB et A$'$B$'$ prolongés indéfiniment; et que le rapport des vitesses linéaires de ces deux points est égal (n°. 47) au rapport des longueurs des normales se terminant, d'une part, aux points B et B$'$, et, de l'autre, au point O.

Les vitesses angulaires des rayons AB et A$'$B$'$ étant égales à a et a', les vitesses linéaires des points B et B$'$ sont égales (n°. 12) à $a.r$ et $a'.r'$; en sorte que l'on a

$$\frac{a.r}{a'.r'} = \frac{\text{OB}}{\text{OB}'},$$

puis, en divisant les deux membres de l'égalité par le rapport $\dfrac{r}{r'}$,

$$\frac{a}{a'} = \frac{\text{OB}.r'}{\text{OB}'.r}.$$

On peut transformer de la manière suivante l'expression du rapport $\dfrac{a}{a'}$.

Que l'on abaisse des points A, A$'$ et O, sur la droite indéfinie BB$'$, les perpendiculaires AD, A$'$D$'$ et OK, terminées à cette droite BB$'$, on obtient les triangles OBK et ABD, OB$'$K et A$'$B$'$D$'$, semblables deux à deux.

Les deux premiers donnent

$$\frac{OB}{AB} = \frac{OK}{AD} \, ;$$

et les deux autres,

$$\frac{OB'}{A'B'} = \frac{OK}{A'D'} \, .$$

Si l'on divise ces deux égalités membre à membre, on a

$$\frac{OB}{AB} : \frac{OB'}{A'B'} = \frac{OK}{AD} : \frac{OK}{A'D'} \, ,$$

ou

$$\frac{OB.r'}{OB'.r} = \frac{A'D'}{AD} \, ;$$

ce qui entraîne la relation

$$\frac{a}{a'} = \frac{A'D'}{AD} \, .$$

On voit donc que le rapport des vitesses angulaires des rotations autour des points A et A' est inverse du rapport des distances de ces deux points à la bielle.

220. Déterminons le point I de rencontre des deux droites indéfinies AA' et BB'. Les deux triangles semblables IAD et IA'D' donnent la proportion

$$\frac{A'D'}{AD} = \frac{IA'}{IA} \, ;$$

on peut donc écrire encore

$$\frac{a}{a'} = \frac{IA'}{IA} \, ;$$

c'est-à-dire que le rapport des vitesses de rotation est inverse du rapport des distances des centres de rotation au point de recoupement de la bielle avec la ligne des centres.

221. *Sens des vitesses.* — Les rotations sont de même sens si le point I est situé, sur la droite AA', en dehors des points A et A'; elles sont de sens contraires si le point I est situé entre les points A et A'.

En effet, vues du point O, les rotations élémentaires des points B et B' sont de même sens. Disons que ce sens est *direct*, et que l'autre sens est *rétrograde*.

Si le point I (fig. 96) est situé en dehors des points A et A', ces deux points sont du même côté de la bielle; et, selon que le point O est de ce côté ou de l'autre, les déplacements des points B et B', vus respectivement des points A et A', sont tous deux directs ou tous deux rétrogrades; c'est-à-dire que les rotations sont toutes deux de même sens.

Si le point I (fig. 97) est situé entre les points A et A', ces deux points sont de part et d'autre de la bielle; et les déplacements des points B et B', vus respectivement des points A et A', sont, l'un direct, l'autre rétrograde, le sens direct se rapportant au centre de rotation situé, avec le point O, du même côté de la bielle. Ainsi les rotations sont de sens contraires.

Fig. 97.

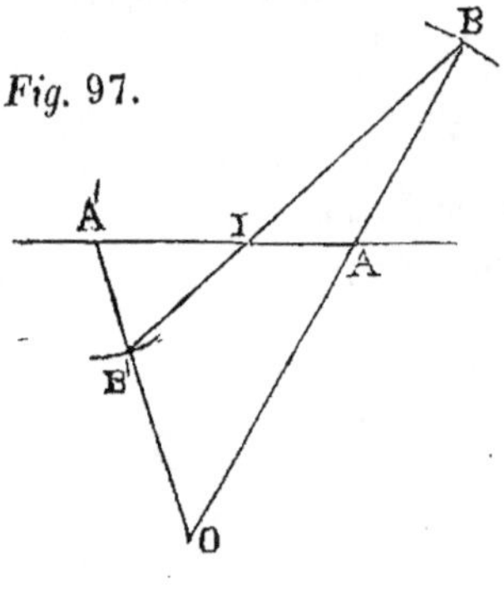

222. Des deux rotations effectuées autour des centres

A et A′, l'une est celle dont on dispose, l'autre est celle
que l'on veut réaliser. Il en résulte que, des deux extrémités de la bielle, l'une ne se meut que par suite du
mouvement de l'autre. On distingue, pour cela, ces deux
extrémités, en disant que l'une est l'extrémité *conduite*,
et l'autre, l'extrémité *conductrice.*

223. *Points morts.* — Supposons que l'extrémité B
soit conductrice, et que la bielle BB′ (ou son prolongement) arrive à rencontrer le centre A′ (fig. 98). Le point

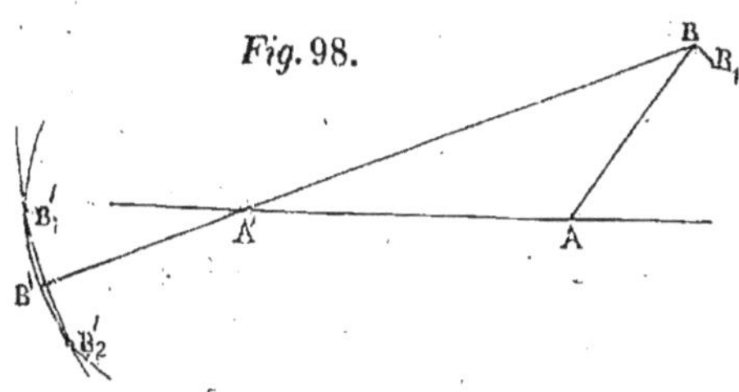

B, continuant à tourner autour du point A, décrit l'élément
de chemin BB₁. Si l'on veut connaître le déplacement infiniment petit du point B′, qui tourne dans le même temps
autour du point A′, il faut tracer une circonférence ayant B₁
pour centre, et, pour rayon, la longueur l de la bielle, et
déterminer sa rencontre avec la circonférence de centre A′
et de rayon r'. Or, il existe deux points de rencontre, B′₁ et
B′₂, tous deux infiniment voisins du point B′; en sorte
que l'extrémité conduite peut se déplacer, soit en décrivant l'élément de chemin B′ B′₁, soit en décrivant l'élément de chemin B′ B′₂ ; son mouvement étant, ainsi, direct dans l'un des cas, et rétrograde dans l'autre. Ces

12.

deux hypothèses sont également admissibles ; on voit donc que la liaison est indéterminée au moment du passage de la bielle en B' (1). Le point B', pour cela, est dit un point *mort*, et la bielle n'est assurée de le franchir qu'à l'aide d'autres liaisons ou en vertu d'une vitesse acquise s'opposant à son mouvement rétrograde.

224. Pour toute autre position de la bielle, ne passant pas par le point A' (fig. 99), la circonférence de centre

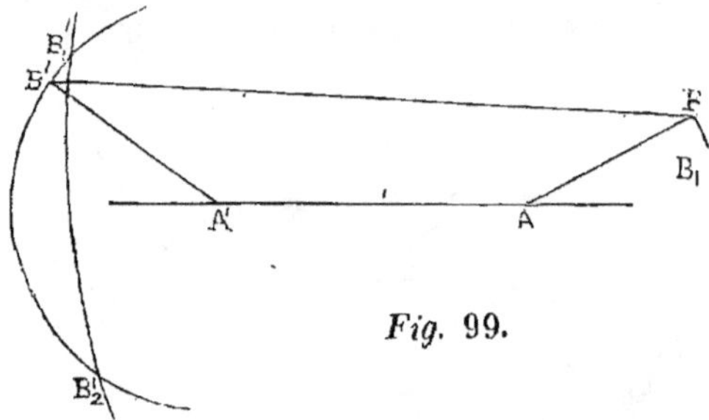

Fig. 99.

B_1 et de rayon l rencontre encore la circonférence de centre A' et de rayon r' en deux points B'_1 et B'_2 ; mais, de ces deux points, un seul, B'_1, est dans le voisinage du point B' ; en sorte qu'il n'est, pour l'extrémité conduite, qu'un seul déplacement possible, à savoir le déplacement élémentaire $B'B'_1$.

(1) Si l'on considère, au lieu des liaisons, les forces que ces liaisons produisent, on reconnaîtra que la bielle a pour effet de presser ou de tirer l'extrémité B' de la manivelle $A'B'$, dans la direction même du centre A', et que cette action ne tend à faire tourner la manivelle ni dans un sens ni dans l'autre.

§ 2. DU CAS OU LES VITESSES SONT ÉGALES.

225. La proportion

$$\frac{a}{a'} = \frac{\mathrm{IA}'}{\mathrm{IA}},$$

dans laquelle le rapport $\dfrac{\mathrm{IA}'}{\mathrm{IA}}$ varie avec la position du point I sur la ligne AA' (fig. 96), montre que le rapport des vitesses de rotation est généralement variable : en sorte que, si l'un des mouvements de rotation est uniforme, l'autre ne l'est pas.

Mais il est un cas particulier auquel la proportion n'est pas applicable; c'est celui (fig. 100) où la bielle BB' reste,

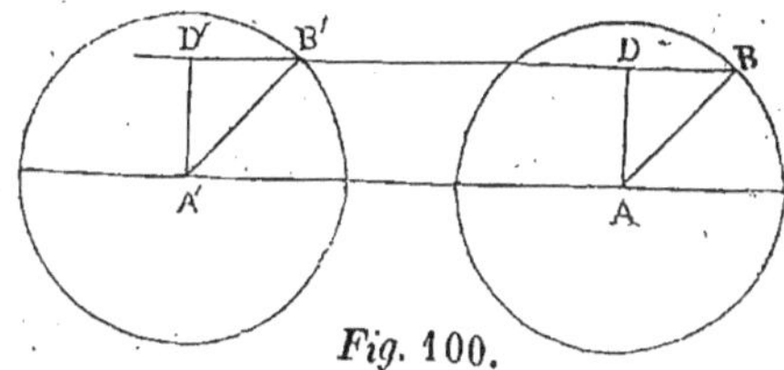

Fig. 100.

dans toutes ses positions, parallèle à la droite AA' des centres; ce qui arrive quand elle a pour longueur cette droite AA' elle-même, et que les rayons r et r' sont égaux entre eux. Dans ce cas, le quadrilatère à angles variables ABB'A' est toujours un parallélogramme; les manivelles AB et A'B', constamment parallèles, parcourent des chemins angulaires égaux; et les vitesses a et a' sont constamment égales entre elles. La bielle peut servir alors à transmettre un mouvement uniforme de rotation, et elle n'en modifie pas la vitesse.

226. Comme on l'a dit précédemment, les centres de rotation A et A′ (fig. 100) ne sont autre chose que les traces, sur le plan de la figure, des deux axes de rotation perpendiculaires à ce plan. Il est facile de voir alors que, si l'on veut transmettre à l'aide de la bielle BB′ un mouvement continu de rotation, il importe que ces deux axes ne soient pas prolongés de part et d'autre du plan de la figure, puisque leurs prolongements seraient un obstacle au passage de la bielle d'un côté à l'autre de la droite AA′ ; tandis que,

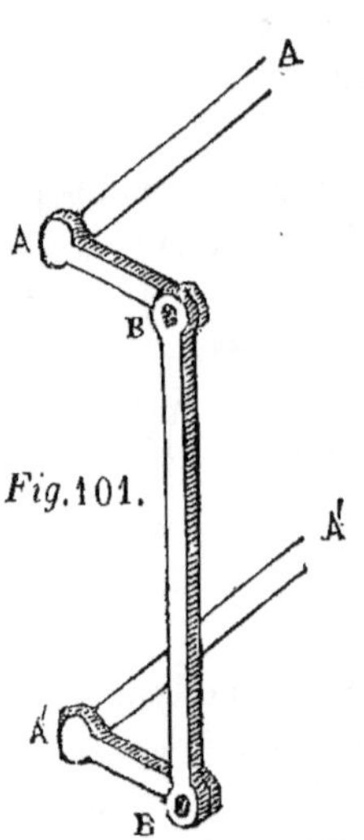

si les axes, situés derrière le plan de la figure, viennent se terminer à ce plan, et si la bielle est située tout entière en avant de ce plan, chacune de ses extrémités tourne, librement et d'une manière continue, autour du centre qui lui correspond. La *figure* 101, dans laquelle les deux axes A et A′ sont placés l'un au-dessus de l'autre et vus obliquement, peut donner une idée de cette disposition.

227. Au lieu d'interrompre les axes, il revient au même de les couder, comme le représente la *figure* 102. L'axe A est interrompu aux points D ; un coude rectangulaire DEED, faisant office de manivelle, réunit les deux parties de l'axe ; la traverse EE consiste dans un cylindre circulaire droit qui remplit exactement un trou cylindrique pratiqué à l'extrémité B de la bielle. La bielle peut prendre, autour de l'axe de la traverse, toutes les positions : ce qui constitue la pre-

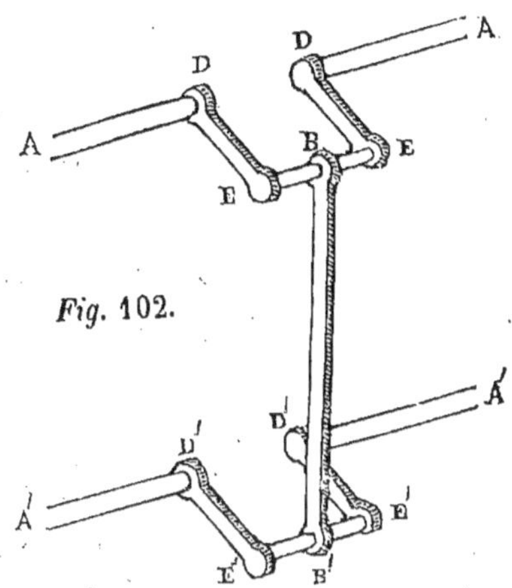

Fig. 102.

mière articulation. La bielle est articulée de même, par
sa seconde extrémité B', au coude D'E'E'D' qui réunit
les deux parties de l'axe A'. Dans ces conditions, la bielle
transmet librement, de l'un des axes à l'autre, le mouvement continu de rotation.

228 Toutefois, les deux dispositions précédentes sup-
posent essentiellement que la distance mutuelle des axes
est supérieure au rayon des manivelles. Sans cette condition, la manivelle montée sur l'un des axes viendrait
heurter l'autre axe avant d'avoir effectué un demi-tour
entier ; et le mouvement continu de rotation serait impossible. On pourrait alors (fig. 103) adopter une troisième
disposition consistant à supprimer le prolongement de l'axe
A en avant du plan de la figure, à supprimer le prolonge-

ment de l'axe A′ en arrière du même plan, et à terminer
ces deux axes à deux plans parallèles au plan de la figure,

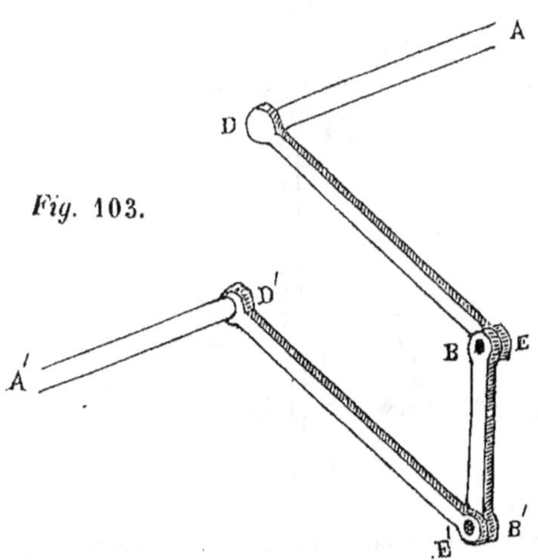

Fig. 103.

l'un situé en avant, l'autre en arrière, et laissant entre
eux un intervalle libre égal à l'épaisseur même de la
bielle. La *figure* 103 représente, en perspective, cette
disposition.

229. Les axes étant disposés de manière à n'apporter
point d'obstacle à la continuité de la rotation, il est facile
d'apercevoir que, toutes les fois que la bielle pénètre dans
le plan des axes, l'extrémité conduite de la bielle passe en
un point mort ; d'où il résulte qu'à cet instant la transmission du mouvement, par l'intermédiaire de la bielle,
n'est pas complètement déterminée. Mais, si l'on dispose
sur les mêmes axes A et A′ (fig. 104), dans un plan

parallèle au plan de la figure, deux autres manivelles AC
et A′C′, égales en longueur et ayant une direction com-

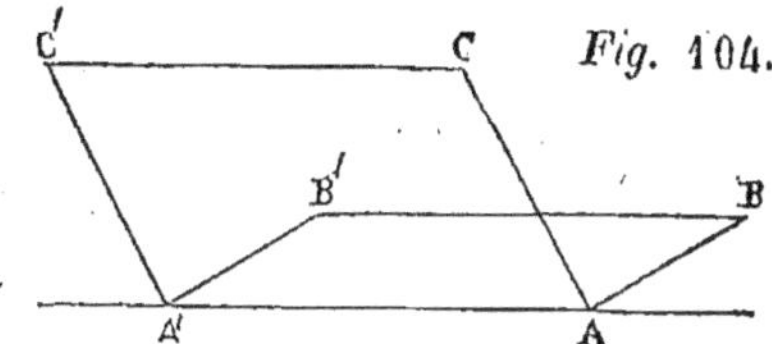

mune (perpendiculaire, si l'on veut, à la direction des
manivelles AB et A′B′); si l'on relie les extrémités C et C′
de ces deux manivelles par une bielle CC′ de même longueur que la première; ces deux bielles BB′ et CC′ peuvent
simultanément servir à transmettre le mouvement; et,
comme elles ne pénètrent que successivement dans le plan
des axes, on est sûr que, pour toute position du système,
l'une d'elles au moins détermine d'une manière complète
la transmission de la rotation.

§ 3. DES CONDITIONS QUI DÉTERMINENT LA NATURE DU MOUVEMENT DE ROTATION, CONTINU OU ALTERNATIF, AUTOUR DE CHACUN DES CENTRES.

280. Dans le cas général, où le rapport des vitesses
de rotation est variable, trois cas distincts peuvent être
remarqués : 1°. les rotations des extrémités B et B′ de la
bielle autour des centres A et A′ sont continues; 2°. le
mouvement continu n'est possible que pour l'une des extrémités, l'autre n'étant susceptible que d'un mouvement

alternatif; 3°. les deux points B et B′ ne peuvent qu'osciller autour de leurs centres respectifs.

Nous nous proposons de rechercher les conditions géométriques qui répondent à ces différents cas. Pour cela, nous aurons soin, dans ce qui va suivre, de représenter toujours par r' le plus petit des deux rayons r et r', quand ils seront différents. Nous appellerons D et E les points de rencontre de la droite indéfinie AA′ avec la circònférence de rayon r que décrit autour du point A l'extrémité B de la bielle; F et G, les points de rencontre de la même droite AA′ avec la circonférence de rayon r' décrite autour du point A′ par l'extrémité B′; et, A′ étant à gauche de A, nous placerons D à gauche de E, et F à gauche de G. Enfin, nous distinguerons les quatre segments DF, DG, EF, EG qu'interceptent les deux circonférences sur la droite AA′, en les désignant par les noms de segment *maximum*, segment *minimum*, et segments *moyens* de la ligne des centres.

I. Des conditions dans lesquelles les deux mouvements de rotation sont continus.

231. Supposons d'abord (fig. 105 et fig. 106) A′ extérieur à *circ. r;* nous remarquerons que le mouvement continu de B est impossible. En effet, B′ étant toujours situé sur *circ. r′*, il faut, pour que le point B passe en D, que la longueur de la bielle soit égale ou inférieure à DF; et, pour que le point B passe en E, que la longueur de la bielle soit égale ou supérieure à EG. Or, ces deux conditions sont incompatibles, puisqu'elles reviennent à

$$ l \leqq d + r' - r, \quad l \geqq d + r - r', $$

et que l'on suppose r' moindre que r.

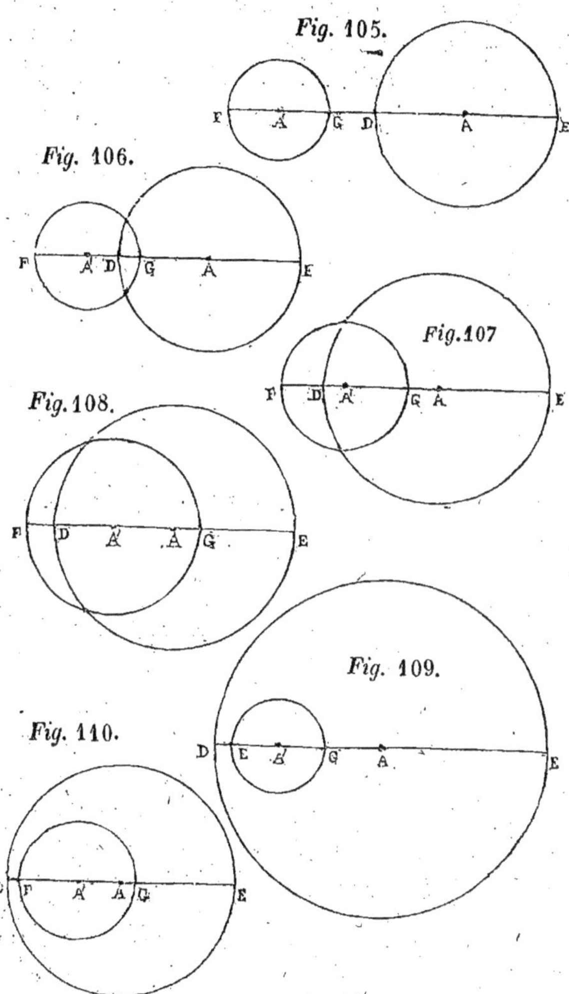

Fig. 105.

Fig. 106.

Fig. 107

Fig. 108.

Fig. 109.

Fig. 110.

232. Considérons maintenant (fig. 107, 108 , 109 et 110) le cas où A' est intérieur à *circ. r*. Il faut, pour que B passe en D , que l soit moindre que DG, ou que l'on ait

$$l < r + r' - d \,;$$

et , pour que B passe en E , que l soit plus grand que EG, ou que l'on ait

$$l > r + d - r'.$$

Ces inégalités, dans lesquelles nous renfermons implicitement les égalités qui leur correspondent, ne sont compatibles que dans le cas de $d < r'$, c'est-à-dire lorsque le centre A est intérieur à *circ. r'* (fig. 108 et fig. 110).

233. Ainsi, pour que la bielle puisse servir à transmettre un mouvement continu de rotation , il est nécessaire que le centre de la grande circonférence soit intérieur à la petite , et que la longueur de la bielle soit comprise entre les deux *segments moyens* de la droite AA'.

234. Ces conditions sont d'ailleurs suffisantes. On le démontrerait en les supposant remplies , et en faisant voir que le point B peut prendre toutes les positions sur *circ. r*, sans que les rotations des points B et B' autour des centres respectifs A et A' cessent de s'effectuer dans le même sens.

On établirait ce dernier point en rappelant les remarques faites au n°. 221, et en démontrant que les centres A et A' sont toujours situés d'un même côté de la bielle BB', ce qui exclut d'ailleurs l'existence de tout point mort dans le système.

II. Des conditions dans lesquelles l'un des mouvements circulaires est continu, l'autre étant alternatif.

235. Supposons que A soit intérieur à *circ.* r' (fig. 108 et fig. 110), mais que la longueur l ne soit pas comprise entre EG et DG. On a déjà vu que le point B ne peut satisfaire à la fois aux deux conditions de passer par le point D et par le point E; et l'on aperçoit, de même, que le point B' ne peut satisfaire à la fois aux deux conditions de passer par le point F et par le point G. Ainsi, la bielle ne peut, dans ce cas, servir à la transformation qui nous occupe.

236. Supposons donc le centre A extérieur à *circ.* r'. On sait déjà que le mouvement continu du point B est impossible. Il reste à voir si le mouvement continu du point B' est réalisable. On distinguera pour cela deux cas, selon que A' est extérieur ou qu'il est intérieur à *circ. r*.

1°. A' *extérieur à circ. r*. — Que les circonférences soient extérieures (fig. 105) ou sécantes (fig. 106), le point B' ne peut passer en F que si l'on a $l >$ FD; il ne peut passer en G que si l'on a $l <$ GE. La longueur de la bielle doit donc être comprise entre les deux *segments moyens*.

2°. A' *intérieur à circ. r*. — Que les circonférences soient sécantes (fig. 107) ou *intérieures* (fig. 109), le point B' ne peut passer en G que si la longueur l est plus grande que GD et moins grande que GE; c'est-à-dire si elle est comprise entre les deux *segments moyens* : auquel cas B' peut également passer en F.

237. Ainsi, pour que la bielle puisse servir à transformer un mouvement circulaire continu dans un mouvement cir-

culaire alternatif, ou réciproquement, il faut que le centre
de la grande circonférence soit extérieur à la petite et que
la longueur de la bielle soit comprise entre les deux *segments moyens* de la droite AA$'$. Ces conditions sont d'ailleurs suffisantes, comme on le démontrerait en faisant voir
que, si elles sont remplies, le point B$'$ peut occuper sur
circ. r$'$ toutes les positions.

On reconnaîtrait aussi que la bielle ne passe jamais par
le centre A, tandis qu'à certains instants elle passe par le
centre A$'$. Examinons quelles propriétés caractérisent les
positions particulières qu'elle prend alors.

238. Des conditions auxquelles sont assujetties les
grandeurs d, r, r' et l, il résulte que les deux circonférences décrites du point A$'$ comme centre (fig. 111) avec

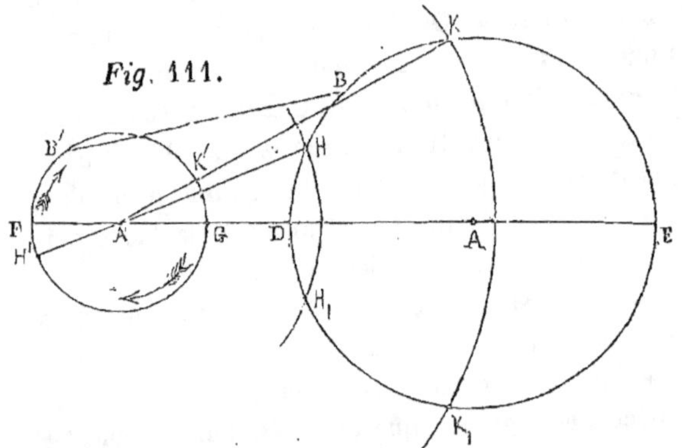

les rayons $l - r'$ et $l + r'$, rencontrent *circ. r*, la première
en des points H et H$_1$, la seconde en des points K et K$_1$.
L'extrémité B de la bielle ne peut être située que sur l'un
des deux arcs HK et H$_1$K$_1$; et la symétrie indique qu'il
suffit de considérer un seul de ces arcs. Soit, par exemple,

l'extrémité B située sur l'arc HK. Si l'on mène les droites indéfinies HA′ et KA′, qui rencontrent *circ. r′*, la première en H′ au delà du centre A′, la seconde en K′ endeçà, les deux segments HH′ et KK′, ainsi déterminés, représentent deux positions particulières, pour lesquelles la bielle traverse le centre A′.

239. Supposons que l'extrémité B′ soit conductrice, et que son mouvement de rotation autour de A′ soit continu et uniforme. Quand B′ est en H′, B est en H; B′ allant de H′ en K′, B va de H en K; et, en même temps que B′ arrive en K′, B arrive en K. B′ continue à tourner dans le même sens et va de K′ en H′; le sens de la rotation change pour B, qui va de K en H. Ainsi, B′ tournant indéfiniment autour de A′ et dans le même sens, B oscille en allant alternativement de H en K et de K en H. La vitesse a de ce mouvement d'oscillation est d'ailleurs variable, son rapport à la vitesse $a′$ de rotation autour de A′ étant inverse du rapport des distances de la bielle aux centres A et A′ (n°. 219). Il en résulte en particulier que, pour les positions HH′ et KK′ de la bielle, la vitesse de B devient nulle en changeant de sens.

240. Si, au contraire, l'extrémité B′ est conduite, les points H′ et K′ sont des points morts ; et la bielle ne peut les franchir qu'en vertu de sa vitesse acquise.

III. Des conditions dans lesquelles les deux extrémités de la bielle ne peuvent prendre que des mouvements alternatifs.

241. Quelles que soient les grandeurs des deux circonférences et leurs positions relatives, si la bielle n'a pas une longueur intermédiaire entre les deux *segments moyens* de la droite AA′, elle ne peut servir ni à l'une ni à l'autre des transformations précédentes; mais elle est apte à transmettre un mouvement circulaire alternatif; et l'on détermine aisément les chemins des points B et B′ sur leurs circonférences respectives, ainsi que les points morts du système.

242. Par exemple, dans le cas (fig. 112) où les deux circonférences de rayons r et r' sont extérieures l'une à

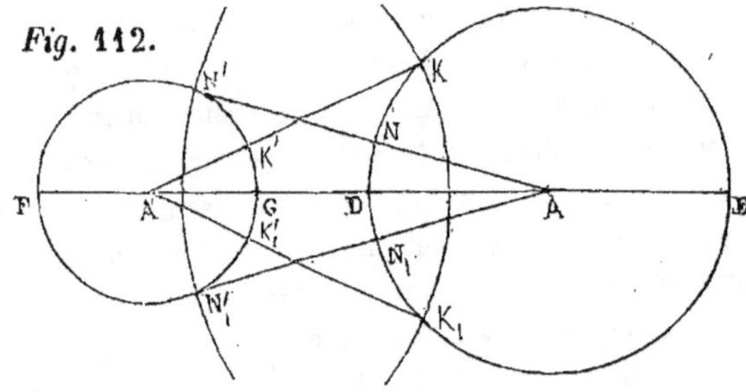

Fig. 112.

l'autre, et où l est compris entre le segment *minimum* DG et le plus petit segment *moyen* DF, la circonférence de centre A′ et de rayon $l+r'$ détermine, sur *circ. r*, l'arc KDK₁ que le point B peut parcourir; la circonférence de centre A et de rayon $l+r$ détermine, sur *circ. r′*, l'arc N′GN′₁ que peut parcourir le point B′; KK′ et K₁K′₁ représentent les positions pour lesquelles la bielle BB′, prolongée au-delà du point B′, rencontre le centre A′; NN′ et N₁N′₁, les positions pour lesquelles la bielle, prolongée au-delà du point B, rencontre le centre A; K′ et K′₁ sont les points morts de *circ. r′* quand l'extrémité B de la bielle est conductrice ; N et N_1 sont les points morts de *circ. r* quand cette extrémité B est conduite.

243. Si, dans une autre hypothèse, les deux circonférences de rayons r et r' sont sécantes (fig. 113), et si

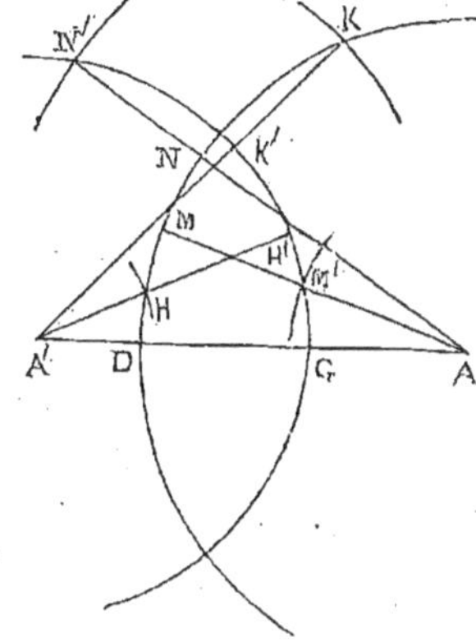

Fig. 113.

l est moindre que DG, les circonférences de centre commun A' et de rayons $r'-l$ et $r'+l$ limitent, aux points H et K, l'excursion du point B sur *circ. r ;* les circonférences de centre commun A et de rayons $r-l$ et $r+l$ limitent, aux points M' et N', l'excursion du point B' sur *circ. r'*; HH' et KK', MM' et NN' sont les positions de la bielle qui répondent aux positions extrêmes de l'une ou de l'autre de ses extrémités ; H' et K', M et N sont les points morts.

---

§ 4. DE L'EXCENTRIQUE CIRCULAIRE.

244. Si l'on suppose (fig. 114) le bouton qui termine

la manivelle $A'B'$ transformé en un disque MNP de centre B' et d'un rayon supérieur à r', l'axe de rotation A' doit alors traverser le disque, lequel prend le nom d'*excentrique circulaire* et sert à transformer le mouvement continu de

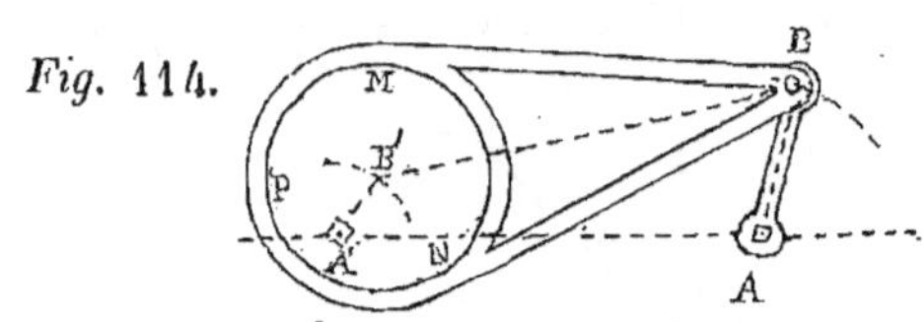

Fig. 114.

la manivelle $A'B'$ dans le mouvement alternatif du levier AB. La grandeur des dimensions du bouton MNP exige une disposition particulière de la bielle, formée, pour cela, de deux tiges BM et BN qui se réunissent par une extrémité autour du bouton B, et qui, par l'autre, se rattachent à un collier embrassant le disque et pouvant glisser contre son contour. Le rapport des vitesses de rotation est d'ailleurs inverse du rapport des distances des deux axes de rotation A et A' au plan mené par les deux axes d'articulation B et B'.

SECONDE SECTION.

AXES NON PARALLÈLES.

§ 1er. CAS D'UN DÉPLACEMENT ARBITRAIRE DE LA BIELLE DANS L'ESPACE; VITESSES DE SES EXTRÉMITÉS.

245. L'extrémité B de la bielle BB' glissant contre la ligne EF (fig. 115) en même temps que son extrémité B′ glisse contre la ligne E′F′, considérons le déplacement

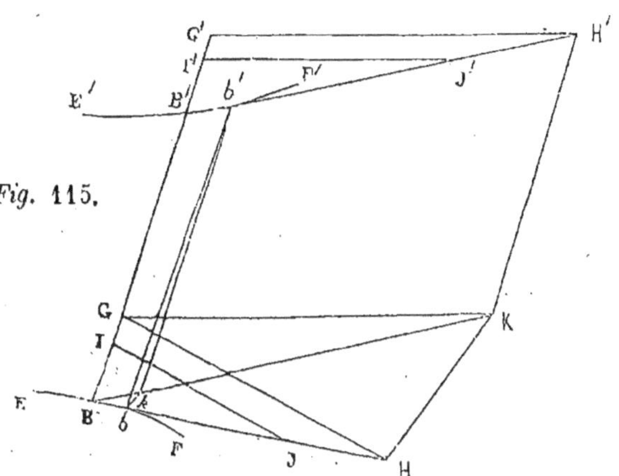

Fig. 115.

infiniment petit qui l'amène de la position BB′ à la position bb'. Prolongeons les éléments Bb et B′b' que décrivent les points B et B′, et prenons, sur ces éléments prolongés, des longueurs BH et B′H′, respectivement égales aux vitesses v et v' des points B et B′. Nous aurons alors

$$\frac{\text{BH}}{\text{B}'\text{H}'} = \frac{\text{B}b}{\text{B}'b'}.$$

Menons par le point B une droite BK parallèle à B′H′, et par les points b' et H′, parallèlement à B′B, les droites $b'k$ et H′K qui rencontrent BK aux points k et K; joignons bK et HK. Les droites Bk et BK étant égales respectivement à B′b' et B′H′, on a la proportion

$$\frac{\text{BH}}{\text{BK}} = \frac{\text{B}b}{\text{B}k};$$

d'où il résulte que bk est parallèle à HK.

Mais le triangle bkb', ayant les deux côtés bb' et kb' égaux à BB', est isoscèle, et sa base bk est infiniment petite ; l'angle en k diffère donc infiniment peu d'un droit. On en conclut que les droites HK et BB', respectivement parallèles aux droites bk et kb', sont perpendiculaires entre elles.

Cela posé, soit G le pied, sur BB', de la plus courte distance des droites HK et BB' (la longueur de cette plus courte distance se réduisant à zéro, quand les droites BH et B'H' sont situées dans un même plan, ce qui a lieu à chaque instant si les lignes EF et E'F' sont elles-mêmes situées dans un même plan) ; le point G est la projection, sur BB', de tous les points de la droite HK ; il est donc, en particulier, la projection de H et de K. Si, d'une autre part, on projette H' en G', sur la droite indéfinie BB', on détermine un segment B'G' égal au segment BG, comme le prouve l'égalité des triangles B'H'G' et BKG. Mais, de ce que les points G et G' sont les projections des points H et H', les droites BG et B'G' sont les projections des vitesses BH et B'H'. On a, en conséquence, le théorême suivant (qui renferme implicitement ceux des numéros 219 et 220) :

Quel que soit le déplacement de la bielle dans l'espace, les vitesses linéaires de ses extrémités se projettent sur elle, à chaque instant, suivant des droites égales.

246. Ce théorême conduit à une expression simple du rapport des vitesses v et v'. Que l'on prenne, en effet, sur la droite indéfinie BB', à partir des points B et B' et dans le sens BB', des longueurs égales BI et B'I', arbitraires d'ailleurs ; que l'on mène, par les points I et I', perpendiculairement à BB', les droites IJ et I'J', situées, la première dans le plan de la bielle et de la tangente à EF au point B, la seconde dans le plan de la bielle et de la tangente à E'F' au point B'; que l'on termine ces perpendiculaires IJ et I'J' aux points J et J', où elles rencontrent les tangentes ; on aura, d'une part,

$$\frac{BJ}{BH} = \frac{BI}{BG},$$

de l'autre,

$$\frac{B'J'}{B'H'} = \frac{B'I'}{B'G'};$$

par suite, il viendra

$$\frac{BJ}{BH} = \frac{B'J'}{B'H'},$$

ou, ce qui équivaut,

$$\frac{v}{v'} = \frac{BJ}{B'J'}.$$

Il suffit donc de déterminer le rapport des droites BJ et B'J' pour connaître celui des vitesses v et v'.

Remarque : Si, pour les points B et B', les tangentes aux trajectoires EF et E'F' sont parallèles, les angles IBJ et I'B'J' sont égaux; il en est donc de même des triangles rectangles BIJ et B'I'J', ce qui entraîne l'égalité des droites BJ et B'J'. La formule précédente montre alors que le rapport des vitesses est égal à l'unité. Ce résultat, qu'on aurait pu d'ailleurs établir directement, on l'énonce encore en disant que, si les deux extrémités de la bielle ont des vitesses parallèles, ces vitesses sont égales.

§ 2. MOUVEMENT DE SONNETTE.

(TRANSFORMATION ENTRE MOUVEMENTS ALTERNATIFS.)

247. Soient AA et A'A' (fig. 116) les deux axes de rotation; DD' leur plus courte distance; P et P' deux plans perpendiculaires à DD', qui renferment respectivement les droites AA et A'A', et que l'on n'a point figurés; $B_0 B'_0$ une parallèle à DD', comprise entre les deux plans P et P', et se terminant à ces plans, en B_0 et B'_0; $B_0 C$ et $B'_0 C'$ les perpendiculaires abaissées des points B_0 et B'_0 sur les axes A et A'. Concevons que $B_0 C$ et $B'_0 C'$ représentent des leviers mobiles autour des axes respectifs A et A', et que $B_0 B'_0$ soit la position initiale d'une bielle articulée avec ces deux leviers en B_0 et B'_0. Si le levier $C B_0$ tourne autour du premier axe, le point B_0 se déplace; il entraîne le point B'_0; et, par conséquent, le levier $C' B'_0$ tourne autour du second axe.

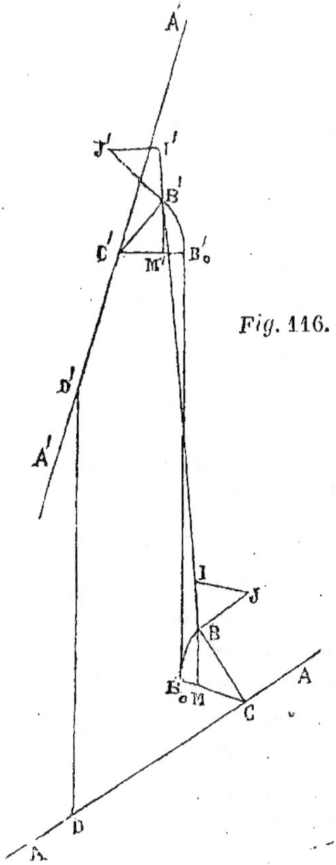

Fig. 116.

I. Du rapport des vitesses.

248. Il est facile de déterminer directement le rapport des vitesses initiales. En effet, les premiers éléments décrits par les points B_0 et B'_0 étant parallèles à DD', la bielle commence par glisser suivant sa longueur. Les vitesses linéaires v et v' de ses deux extrémités sont donc les mêmes dans le premier instant. Mais, a et a' représentant les vitesses angulaires qui correspondent aux vitesses v et v', on a

$$a = \frac{v}{CB_0} \quad ; \quad a' = \frac{v'}{C'B'_0}.$$

Il en résulte la relation

$$\frac{a}{a'} = \frac{C'B'_0}{CB_0},$$

exprimant que les vitesses angulaires de rotation sont inversement proportionnelles aux longueurs des leviers.

249. Soit maintenant BB' une position particulière quelconque de la bielle; CB et $C'B'$ les positions correspondantes occupées par les leviers; a et a' les vitesses angulaires des points B et B'; v et v' leurs vitesses linéaires. On a

$$\frac{a}{a'} = \frac{v}{CB} : \frac{v'}{C'B'}.$$

Mais, si l'on effectue les constructions indiquées au n°. 246, on obtient, comme on l'a vu,

$$\frac{v}{v'} = \frac{BJ}{B'J'};$$

d'où l'on tire, en divisant par CB les numérateurs, et par

$\text{c}'\text{b}'$ les dénominateurs ,

$$\frac{v}{\text{CB}} : \frac{v'}{\text{C}'\text{B}'} = \frac{\text{BJ}}{\text{CB}} : \frac{\text{B}'\text{J}'}{\text{C}'\text{B}'} \cdot$$

Il en résulte donc

$$\frac{a}{a'} = \frac{\text{BJ}}{\text{CB}} : \frac{\text{B}'\text{J}'}{\text{C}'\text{B}'} \cdot$$

250. Cette expression du rapport des vitesses peut être simplifiée dans le cas où la longueur de la bielle, comparée à celle des leviers, est assez considérable : parce que la bielle forme alors, dans toutes ses positions, un angle assez petit avec sa direction initiale.

Abaissons, en effet, des points B et B' (fig. 116), sur les droites CB_0 et $\text{C}'\text{B}'_0$, les perpendiculaires BM et B'M'. Dans les triangles BIJ et CMB, les deux côtés BI et BM sont à peu près sur le prolongement l'un de l'autre. On peut alors considérer ces triangles comme étant situés dans le même plan et comme ayant leurs côtés respectivement perpendiculaires : ce qui, d'après les propriétés connues de la similitude , conduit à la proportion approchée

$$\frac{\text{BJ}}{\text{CB}} = \frac{\text{BI}}{\text{CM}} \cdot$$

De même, les deux triangles B'I'J' et C'M'B' donnent la proportion

$$\frac{\text{B}'\text{J}'}{\text{C}'\text{B}'} = \frac{\text{B}'\text{I}'}{\text{C}'\text{M}'} \cdot$$

Il en résulte que l'on peut écrire approximativement

$$\frac{a}{a'} = \frac{\text{BI}}{\text{CM}} : \frac{\text{B}'\text{I}'}{\text{C}'\text{M}'} ,$$

ou, à cause de l'égalité des deux lignes BI et B'I',

$$\frac{a}{a'} = \frac{C'M'}{CM}.$$

On énonce en langage ordinaire cette propriété, en disant que le rapport des vitesses angulaires est inverse du rapport des projections des leviers sur leurs positions initiales.

251. Il est encore un cas où la valeur du rapport $\dfrac{a}{a'}$ peut être simplifiée : c'est celui où la bielle, quelle que soit sa longueur, s'écarte peu de sa position initiale. Dans ce cas, en effet, les droites BJ et B'J' forment avec leurs projections respectives, BI et B'I', des angles assez petits ; et, par suite, elles diffèrent très-peu de ces projections. Les droites BJ et B'J' diffèrent donc aussi très-peu l'une de l'autre, puisque les longueurs BI et B'I' sont égales. La formule établie au n°. 246 donne alors approximativement même vitesse pour v et pour v' ; d'où l'on déduit, comme au n°. 248, la relation

$$\frac{a}{a'} = \frac{C'B'}{CB},$$

laquelle montre que le rapport des vitesses angulaires peut être considéré comme conservant une valeur constante, inverse du rapport des longueurs des leviers.

II. Construire un système assujetti à satisfaire à des conditions déterminées.

252. On donne les deux axes A et A', et le rapport $\dfrac{n}{n'}$,

des vitesses initiales de rotation ; on demande de déterminer la position et la grandeur des deux leviers.

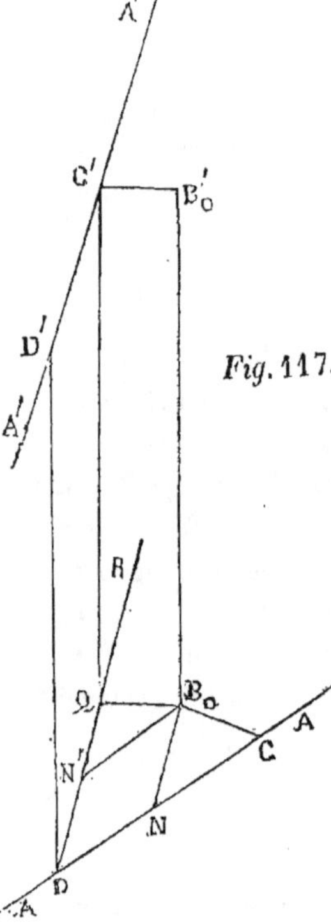

Fig. 117.

On mènera, pour cela, par le point D (fig. 117), une droite DR parallèle à A' et située conséquemment dans le plan P. On prendra, sur les droites DA et DR, des longueurs DN et DN' telles que l'on ait la proportion

$$\frac{DN}{DN'} = \frac{n}{n'} \cdot$$

On construira, sur les droites DN et DN', le parallélogramme DNB_0N'. Par le point B_0, on mènera une parallèle à DD', prolongée jusqu'à la rencontre du plan P' en B'_0. La droite $B_0B'_0$ représentera la position initiale de la bielle ; et les droites B_0C et B'_0C', abaissées perpendiculairement des points B_0 et B'_0 sur A et sur A', représenteront les leviers. En effet, si du point B_0 on abaisse sur DR la perpendiculaire B_0Q, on obtient un triangle B_0QN' semblable au triangle B_0CN ; et l'on a

$$\frac{B_0Q}{B_0C} = \frac{B_0N'}{B_0N} = \frac{DN}{DN'} \, ,$$

ou

$$\frac{B_0Q}{B_0C} = \frac{n}{n'} \cdot$$

Mais, si l'on joint QC', la figure $B_0QC'B'_0$ étant un rectangle, on a B_0Q égal à B'_0C', et, par conséquent,

$$\frac{B'_0C'}{B_0C} = \frac{n}{n'} .$$

Le rapport $\dfrac{a}{a'}$ des vitesses de rotation est donc égal à $\dfrac{n}{n'}$, à l'époque initiale (n°. 248).

253. D'ailleurs, si le système se déplace en s'écartant peu de sa position initiale, il résulte de ce qu'on a dit plus haut (n°. 251), que les vitesses de rotation peuvent être approximativement considérées comme satisfaisant toujours à la condition

$$\frac{a}{a'} = \frac{n}{n'} .$$

CHAPITRE III.

TRANSMISSION DU MOUVEMENT AU MOYEN D'INTERMÉDIAIRES FLEXIBLES.

(TRANSFORMATION ENTRE MOUVEMENTS CONTINUS.)

PREMIÈRE SECTION.

AXES PARALLÈLES.

§ 1er. CAS DE DEUX CYLINDRES MOBILES, RELIÉS PAR UN CORDON.

254. Les deux axes A et A' (fig. 118) sont perpendiculaires au plan de la figure. Deux cylindres, de même direction que les axes et mobiles, l'un autour de A, l'autre autour de A', sont rencontrés par ce plan suivant les lignes GMK et G'M'K'. Sur ces cylindres, réduits à leurs sections droites, est enroulé un même fil flexible et inextensible, qui fait sur chacun d'eux un nombre indéfini de tours et va de l'un à l'autre suivant la tangente commune MM', terminée en ses points de contact. On fait tourner le premier cylindre autour de l'axe A, dans le sens de la flèche f; le fil s'enroule sur GMK; il se déroule sur G'M'K'; et le second cylindre tourne autour de l'axe A', dans le sens de la flèche f'. On veut déterminer le rapport des vitesses angulaires a et a' des deux cylindres, pour une position particulière quelconque du système.

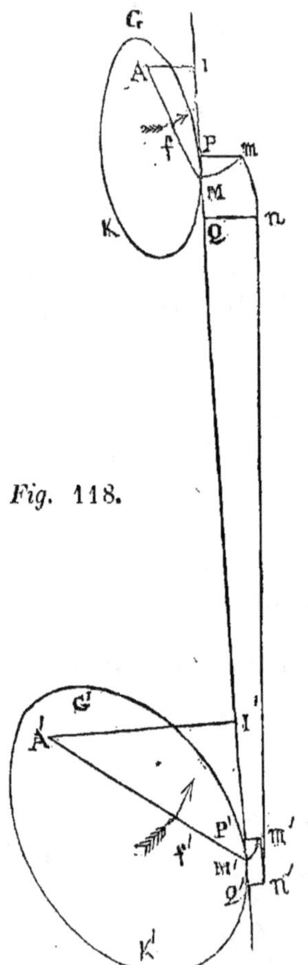

Fig. 118.

255. On suppose, pour cela, le système déplacé infiniment peu à partir de cette position. Les arcs Mm et M'm', de centres respectifs A et A', représentant les chemins

élémentaires parcourus simultanément par les points M
et M′ considérés comme appartenant aux cylindres ,
les rapports $\dfrac{Mm}{AM}$ et $\dfrac{M'm'}{A'M'}$ mesurent les chemins angulaires
que parcourent les deux cylindres GMK et G′M′K′ dans le
même temps infiniment court. On a donc

$$\frac{a}{a'} = \frac{Mm}{AM} : \frac{M'm'}{A'M'} \, .$$

Abaissons des points A et A′, sur la droite indéfinie MM′,
les perpendiculaires AI et A′I′; et, des points m et m',
sur la même droite , les perpendiculaires mP et m'P′. Le
triangle élémentaire MmP étant semblable au triangle AMI,
on a la proportion

$$\frac{Mm}{AM} = \frac{MP}{AI} \, .$$

De la similitude des triangles M′m'P′ et A′M′I′, on déduit de même

$$\frac{M'm'}{A'M'} = \frac{M'P'}{A'I'} \, .$$

Il en résulte que l'on peut écrire

$$\frac{a}{a'} = \frac{MP}{AI} : \frac{M'P'}{A'I'} \, .$$

Si donc , comme on va le démontrer, MP est égal à M′P′,
on a , toute simplification faite , la formule

$$\frac{a}{a'} = \frac{A'I'}{AI} \, ,$$

exprimant que le rapport des vitesses angulaires est inverse du rapport des distances des deux axes de rotation à la tangente commune.

256. Pour démontrer que MP est égal à $M'P'$, on construit la nouvelle tangente commune nn', terminée aux points de contact n et n'; on trace les arcs élémentaires mn et $m'n'$ appartenant aux cylindres déplacés; et l'on remarque que l'on a, vu l'inextensibilité du fil et parce qu'il s'est enroulé sur mn en se déroulant sur $m'n'$, l'égalité

$$nn' + \text{arc } mn = MM' + \text{arc } m'n'.$$

On détermine, sur MM', les projections Q et Q' des points n et n'; et, dans l'égalité précédente, on substitue à la droite nn' et aux arcs mn et $m'n'$ leurs projections QQ', PQ et $P'Q'$ sur MM' : ce qui est permis, parce que les arcs élémentaires mn et $m'n'$ touchent la droite nn', et que celle-ci forme avec MM' un angle infiniment petit (1). On obtient alors la nouvelle égalité

$$QQ' + PQ = MM' + P'Q',$$

qui se réduit à

$$MP = M'P',$$

après qu'on a retranché des deux membres les parties communes MM' et $M'Q'$.

257. De ce qui précède, on déduirait aisément les propriétés relatives à la transmission d'un mouvement de rotation, d'une poulie à une autre, au moyen d'une courroie

(1) Voir la note de la page 96.

sans fin, lorsque ces deux poulies sont situées dans un même plan. Mais nous allons traiter ce cas directement.

---

§ 2. POULIES ET COURROIE SANS FIN.

258. Dans un même plan, deux poulies (fig. 119 et fig. 120), que nous réduirons à deux circonférences de centres c et c', et de rayons r et r', peuvent tourner sur leurs centres. Un fil sans fin, flexible et inextensible, embrasse, sur ces poulies, les arcs ADB

Fig. 119.

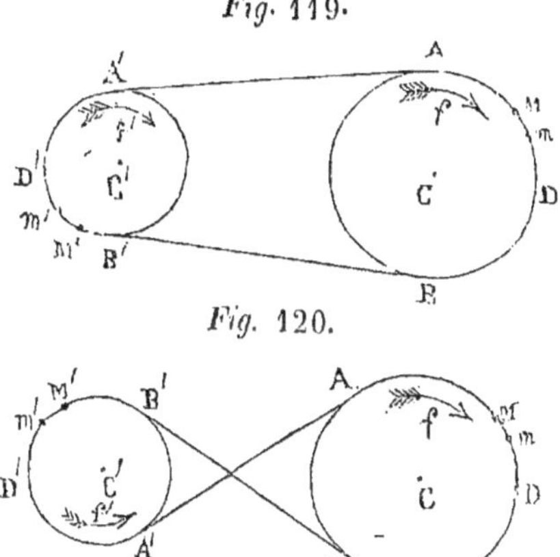

et A'D'B', et s'en sépare aux points de contact des circonférences avec leurs tangentes communes, extérieures (fig. 119) ou intérieures (fig. 120), pour aller de l'une à l'autre en formant deux brins AA' et BB' qui coïncident avec ces tangentes communes. On admet que le fil, suffisamment tendu, ne peut glisser contre la gorge des poulies : en sorte que les mêmes points du cordon restent toujours appliqués sur les mêmes points des circonférences.

Cela posé, si la poulie c tourne sur son centre, dans le sens de la flèche f, le cordon s'enroule au point A et se développe au point A' ; en même temps qu'il s'enroule en B' et se développe en B ; par suite, la poulie c' tourne sur son centre, dans le sens de la flèche f', ce sens étant le même que le précédent (fig. 119) ou lui étant contraire (fig. 120), suivant la disposition que l'on donne aux deux brins, dont l'un, AA', est dit le *brin conducteur*, et l'autre, BB', le *brin conduit*.

Dans les deux cas, d'ailleurs, tous les points du fil décrivent simultanément des chemins égaux.

259. Pour comparer les vitesses de rotation a et a' des poulies c et c', imaginons un déplacement infiniment petit du système, amenant en m le point M de l'arc ADB de la poulie c, et en m' le point M' de l'arc A'D'B' de la poulie C'. La poulie c tourne alors de l'angle $\dfrac{Mm}{r}$; la poulie c', de l'angle $\dfrac{M'm'}{r'}$; et l'on a

$$\frac{a}{a'} = \frac{Mm}{r} : \frac{M'm'}{r'}.$$

Mais les éléments Mm et M'm' représentent aussi les chemins parcourus simultanément par les deux points M et M' du fil. Ces éléments sont donc égaux, et la relation précédente, simplifiée, devient

$$\frac{a}{a'} = \frac{r'}{r} :$$

ce qui montre que le rapport des vitesses angulaires est inverse du rapport des rayons des poulies.

260. Cette propriété fournit un moyen simple de transmettre, d'un axe à un autre qui lui est parallèle, un mouvement continu de rotation dont on veut modifier la vitesse dans un rapport donné. Il suffit, en effet, pour cela, de disposer, sur ces deux axes et dans le même plan, deux poulies dont on a choisi convenablement les rayons, et de les lier l'une à l'autre à l'aide d'un cordon sans fin.

SECONDE SECTION.

AXES NON PARALLÈLES.

POULIES ET COURROIE SANS FIN.

261. Deux poulies ont leurs centres C et C' (fig. 121) situés sur les axes A et A', et peuvent tourner autour de ces axes en leur restant perpendiculaires. On veut qu'un même fil, s'enroulant sur les gorges de ces poulies, transmette de l'une à l'autre un mouvement continu de rotation.

Pour cela, on détermine la droite EF suivant laquelle se coupent leurs plans prolongés; on prend sur cette droite deux points E et F, choisis d'une manière arbitraire; on mène du point E, aux deux poulies, les tangentes EG et

EK, et du point F, aux mêmes poulies, les tangentes FH
et FI. Dans les angles GEK et HFI, on inscrit des poulies
auxiliaires, mobiles sur leurs centres, dont la première
touche en g et k les droites EG et EK, dont la seconde

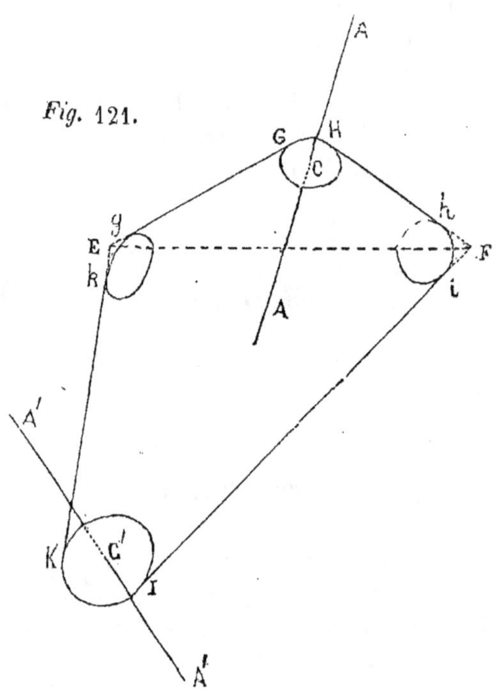

Fig. 121.

touche en h et i les droites FH et FI. On dispose un fil sans
fin, embrassant sur les poulies les arcs GH, hi, IK, kg,
et allant d'une poulie à l'autre suivant les tangentes communes Hh, iI, Kk, gG. Ce fil étant suffisamment tendu,
de manière à rendre tout glissement impossible, l'une des

poulies, en tournant sur son centre, détermine le mouvement de rotation des trois autres. Le mouvement de la
poulie c détermine donc, en particulier, celui de la poulie
c' ; et les vitesses de rotation a et a' des poulies c et c'
supposées de rayons r et r^J, satisfont évidemment à la
condition

$$\frac{a}{a'} = \frac{r^J}{r},$$

trouvée dans le cas des axes parallèles.

262. On pourrait, le sens de la rotation de la poulie

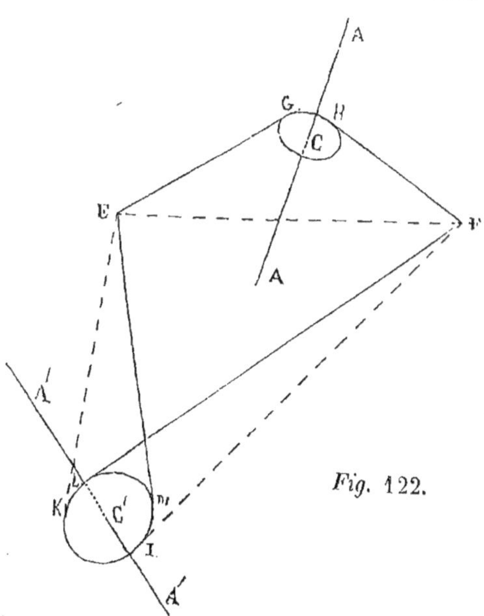

Fig. 122.

c restant le même, renverser le sens de la rotation de la

14

poulie c′, en menant à cette poulie, par les points E et F,
les deux autres tangentes EM et FL (fig. 122), et en
donnant au cordon sans fin la disposition GHFLKIMEG, où
l'on a fait abstraction des rayons des poulies auxiliaires.

LIVRE TROISIÈME.

263. Un corps solide est assujetti à tourner autour d'une droite donnée. Un autre corps solide peut se mouvoir parallèlement à une droite également donnée. On se propose de relier ces deux corps l'un à l'autre, de manière que le mouvement de rotation de l'un détermine le mouvement de translation de l'autre, ou réciproquement.

CHAPITRE Iᵉʳ.

TRANSMISSION DU MOUVEMENT PAR CONTACT IMMÉDIAT.

PREMIÈRE SECTION.

LA DIRECTION DE LA TRANSLATION, PERPENDICULAIRE A L'AXE DE LA ROTATION.

§ 1ᵉʳ. DES VITESSES RELATIVES.

264. On suppose que les surfaces par lesquelles peuvent se toucher les deux corps sont des surfaces cylindriques à génératrices parallèles entre elles et parallèles à l'axe de la rotation. Le plan de la figure, perpendiculaire à cet axe, le rencontre en un point c (fig. 123), en même temps qu'il détermine, dans les cylindres, des sections droites AB et EF, mobiles dans ce plan, et qu'il suffit de considérer. La droite cx est la trace, sur le même plan, d'un plan mené suivant l'axe perpendiculairement à la direction de la translation.

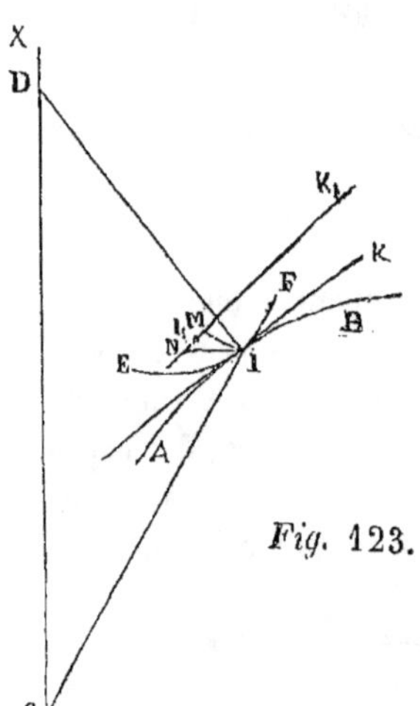

Fig. 123.

265. Le cylindre AB tourne autour du point c, et sa vitesse angulaire est a; le cylindre EF se transporte perpendiculairement à la direction cx, et sa vitesse linéaire est v. Tous deux se touchent au point I; leur tangente commune est IK; leur normale commune est ID, qui rencontre cx en D. Les deux cylindres se déplacent infiniment peu sans se séparer; I_1 est le nouveau point de contact après le déplacement; I_1K_1, la tangente commune. Cette tangente commune est sensiblement parallèle à IK; et, dans le voisinage du point I_1, les lignes AB et EF, déplacées, se confondent sensiblement avec I_1K_1. On peut dire alors que le point I de la ligne AB, en tournant autour du point c avec une vitesse linéaire égale à $a \times cI$, vient se placer en M, sur I_1K_1, à une distance du point c égale à cI; en même temps que le point I de la droite

EF, décrivant un élément perpendiculaire à CX, avec une vitesse égale à v, arrive en N, sur I_1K_1.

On a, par conséquent,

$$\frac{v}{a.CI} = \frac{IN}{IM}.$$

Or, comparons le triangle IDC au triangle élémentaire MNI. Ces deux triangles, ayant leurs côtés respectivement perpendiculaires, sont semblables, et donnent l'égalité

$$\frac{IN}{IM} = \frac{CD}{GI}.$$

On en conclut la relation

$$\frac{v}{a.CI} = \frac{CD}{CI},$$

qui peut s'écrire, après simplification,

$$\frac{v}{a} = CD,$$

et exprime que le rapport de la vitesse linéaire de la translation à la vitesse angulaire de la rotation a même expression numérique que le segment CD.

266. On voit que le rapport $\dfrac{v}{a}$ ne peut être constant que si CD lui-même est constant, c'est-à-dire si, pour toutes les positions du système, la normale commune rencontre toujours au même point D le plan mené suivant l'axe de la rotation, perpendiculairement à la direction de la translation.

267. De ce que, pendant le déplacement élémentaire du système, le point de contact a parcouru respectivement, sur les arcs AB et EF, les chemins MI_1 et NI_1, de sens contraires, il résulte que le glissement élémentaire est égal à la somme de ces chemins, ou égal à MN. Si donc u représente la vitesse du glissement, on doit avoir

$$\frac{u}{a.CI} = \frac{MN}{IM}.$$

Mais les triangles semblables IDC et MNI donnent la proportion

$$\frac{MN}{IM} = \frac{ID}{CI}.$$

Par conséquent, on a

$$\frac{u}{a.CI} = \frac{ID}{CI},$$

ou, en simplifiant,

$$\frac{u}{a} = ID.$$

268. Cette relation, qu'il serait facile d'énoncer en langage ordinaire, montre que le glissement n'est jamais nul si le contact n'a pas lieu sur la droite CX.

269. On peut remarquer le cas particulier où la ligne EF est une circonférence d'un rayon infiniment petit, c'est-à-dire où elle se réduit à un point, mobile suivant une direction perpendiculaire à CX, et conduit par une ligne AB qui tourne autour du point C. On définit alors la normale

commune ID, en disant que c'est la normale à AB menée
par le point mobile.

---

§ 2. CRÉMAILLÈRES.

(TRANSFORMATION ENTRE MOUVEMENTS CONTINUS.)

—

I. Propriétés générales.

270. Lorsque le rapport $\frac{v}{a}$ doit rester constant , il faut

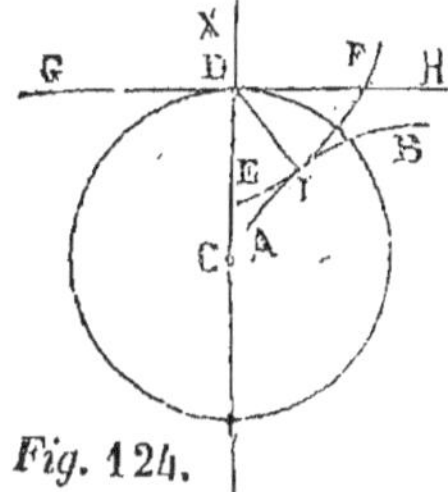

choisir convenablement les surfaces
cylindriques par lesquelles les deux
corps demeurent en contact. La
surface mobile autour de l'axe constitue la roue, et AB (fig. 124) est
le profil de l'une de ses dents.
L'autre surface , qui peut prendre
un mouvement de translation, porte

Fig. 124.

le nom de *crémaillère ;* EF est le profil de l'une de ses dents.
Pendant toute la durée du mouvement, les dents de la
crémaillère viennent successivement engrener avec celles
de la roue ; et c'est au moyen de cet engrenage que le
mouvement se transmet indéfiniment.

271. Soit r la valeur constante du rapport $\frac{v}{a}$. Dans le
plan de la figure, menons, par le centre C de la rotation ,
une perpendiculaire, CX, à la direction de la translation ;
prenons, sur cette perpendiculaire, à partir du point C,
une longueur CD égale à r ; décrivons , du centre C, la

circonférence de rayon r; menons enfin, par le point D, la droite GH, perpendiculaire à CD et conséquemment tangente à la circonférence.

Si la circonférence se meut solidairement avec la roue, le point D, considéré comme appartenant à la circonférence, possède la vitesse linéaire $a \times r$. Si la droite GH se meut solidairement avec la crémaillère, ce même point D, considéré comme appartenant à GH, possède la vitesse v. Mais, puisque, par définition de r, $\dfrac{v}{a}$ est égal à r, on a l'égalité

$$v = a.r.$$

Le point D de la circonférence a donc même vitesse que le point D de la droite : c'est-à-dire que, par le point de contact, il passe simultanément des longueurs égales de la circonférence et de la droite, ou que la circonférence et la droite roulent l'une contre l'autre. La première représentera désormais la roue, mobile sur son centre ; la seconde représentera la crémaillère, qui ne peut glisser que suivant sa longueur.

Le rapport r étant donné, ainsi que le centre de la rotation et la direction de la translation, la circonférence et la droite sont connues par cela même.

272. On a supposé tacitement que, dans le voisinage du point D, le sens du mouvement est le même pour la roue et pour la crémaillère. Si le contraire avait lieu, on devrait porter la longueur CD, à partir du point C, en sens contraire de CX : ce qui transporterait la droite GH de l'autre côté du point C ; et l'on serait ramené au cas précédent.

273. Reportons-nous au cas de l'engrenage cylindrique, et supposons que c et c' (fig. 125) soient les centres des deux circonférences primitives de rayons r et r' respectivement égaux à CD et C'D.

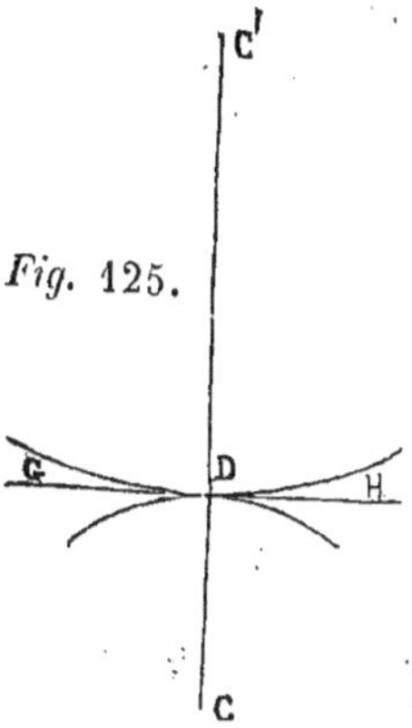

Fig. 125.

Les points c et d restant fixes, éloignons à l'infini le centre c'. L'arc de cercle de centre c' et de rayon c'd se confond alors avec la perpendiculaire GH à CD, menée par le point d et touchant en ce point la circonférence CD : en sorte que la translation parallèle à GH peut être assimilée à une rotation effectuée autour d'un centre situé à l'infini sur le prolongement de CD.

Cette remarque, qui fait de la crémaillère un cas particulier de la roue plane, permet d'étendre à l'engrenage d'une roue avec une crémaillère, les propriétés établies dans le cas de l'engrenage plan de deux roues. Il suffit, pour cela, d'introduire, dans l'expression de ces propriétés, l'hypothèse d'un rayon r' infiniment grand, et d'interpréter les résultats en écartant toute considération de grandeur infinie.

274. Si l'on trouve d'ailleurs que cette manière de procéder n'offre pas une rigueur suffisante, on pourra néanmoins l'accepter comme une méthode mnémonique fournissant les énoncés relatifs à la crémaillère ; et la connaissance de ces énoncés facilitera la recherche d'une démonstration directe de propriétés que l'on aura formulées d'avance.

275. On reconnaîtra, ainsi, que la construction indiquée aux nᵒˢ. 148 et 149, et qui donne, dans le cas des engrenages plans, la dent A′B′ de la roue r', au moyen de la dent AB de la roue r, est applicable de point en point à la recherche de la dent FE de la crémaillère (fig. 126), au moyen de la dent AB de la roue : à la condition d'assimiler

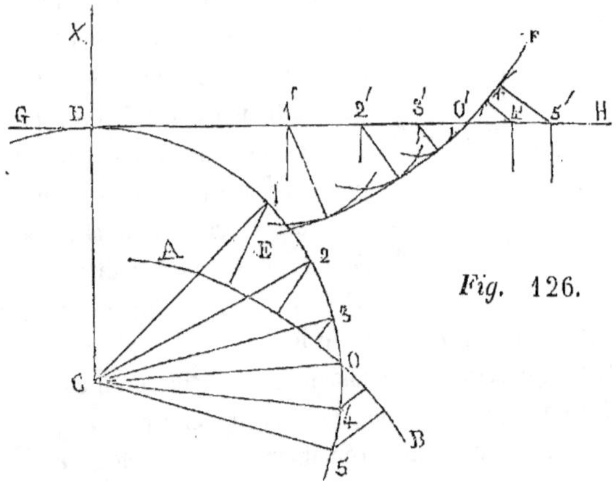

Fig. 126.

la tangente GH à la circonférence primitive r', et les perpendiculaires sur GH à des rayons de cette circonférence, leur point de concours étant à l'infini sur CX.

II. Crémaillère à flancs droits.

276. On donne pour flanc OA de la roue (fig. 127) une droite dirigée vers le centre C; et, pour flanc O′F de la crémaillère, une perpendiculaire à GH; on demande de déterminer les faces O′E et OB qui conduisent ces flancs ou que ces flancs conduisent.

D'après la règle indiquée (nᵒˢ. 154 et 155) dans le cas de l'engrenage de deux roues à flancs droits, on obtiendra la face o'ᴇ, en faisant rouler contre la circonférence r' une circonférence de diamètre r, et en déterminant le lieu géométrique d'un point particulier de cette dernière circonférence. Mais le rayon r' est infini. Il faut donc faire rouler contre la droite ɢʜ la circon-

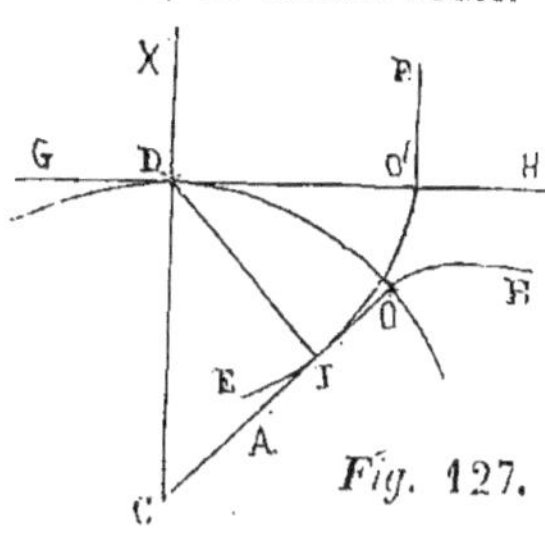

Fig. 127.

férence de diamètre r : ce qui donne, pour lieu géométrique, un arc o'ᴇ de cycloïde.

D'une autre part, quand les rayons r et r' sont finis, on obtient la face oʙ en faisant rouler contre la circonférence r une circonférence de diamètre r', et en déterminant le lieu géométrique d'un point particulier de cette dernière circonférence. Dans le cas actuel, où r' est infini, la circonférence de diamètre r' est une droite, qu'il faut faire rouler contre la circonférence r : ce qui donne, pour lieu géométrique, un arc oʙ de développante de cercle.

277. La figure des faces une fois obtenue, il faut assurer la continuité de la transmission du mouvement. Pour cela, on prend, sur la circonférence et sur la droite, du même côté du point ᴅ (fig. 128), des longueurs ᴅo et ᴅo' égales entre elles. On divise la circonférence r en un nombre arbitraire de parties égales, au moyen des points o, o_1, o_2,.... On partage de même, au moyen des points o', o'_1, o'_2, ..., la droite indéfinie ɢʜ en parties toutes égales entre elles et aux divisions rectifiées de la circonférence r. Par les points o, o_1, o_2, ... on fait passer les dents de la roue; par les points o', o'_1, o'_2, ... on fait passer les dents de la crémaillère ; et on limite les

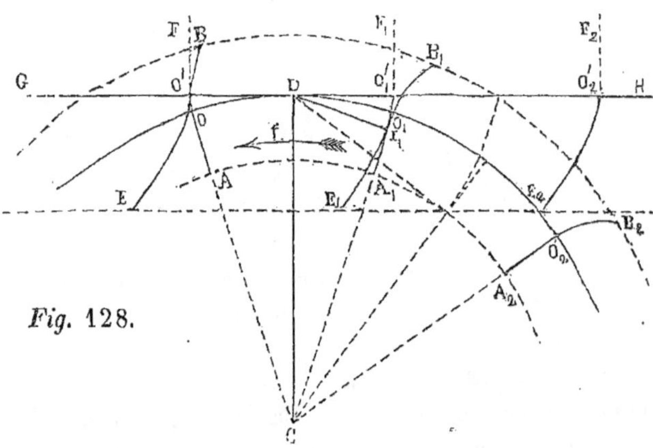

Fig. 128.

longueurs des unes et des autres, de telle sorte qu'au moment où deux dents sont en pleine prise au point D, la prise commence pour les deux dents qui suivent, et cesse pour les deux dents qui précèdent.

Dans le cas de la figure, c'est la roue qui conduit la crémaillère ; et la flèche *f* indique le sens du mouvement.

278. Il resterait à compléter les profils de la roue et de la crémaillère, en traçant d'autres flancs et d'autres faces qui rendissent l'engrenage réciproque ; et en ménageant, entre deux dents consécutives de chacun des deux systèmes en mouvement, des creux assez profonds pour livrer passage aux dents de l'autre.

279. Nous nous bornerons à ces indications sommaires, en renvoyant le lecteur à ce qui a été dit dans le cas de l'engrenage de deux roues planes, et en lui laissant le soin

d'en déduire les constructions à effectuer dans le cas qui nous
occupe. Nous remarquerons seulement que les flancs de la
crémaillère peuvent être réduits à leurs premiers éléments
situés sur GH : car, toutes les développantes du cercle r
traversant normalement GH, c'est sur cette droite que doit
toujours avoir lieu la prise du flanc O'F avec la face OB.

III. Crémaillère à dents obliques.

280. Ayant construit le cercle de centre C (fig. 129)
et de rayon r, ainsi que la droite GH qui lui est tangente,

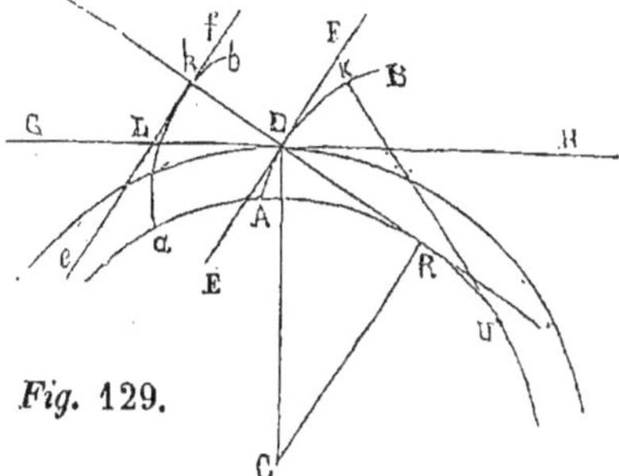

Fig. 129.

décrivons un autre cercle, du même point comme centre,
avec un rayon arbitraire CR moindre que r; menons par
le point D l'arc AB de développante de ce dernier cercle;
soit A son origine; EF sa tangente au point D; DR sa
normale, qui touche le cercle au point R. Concevons
que AB se meuve solidairement avec la circonférence r,
en tournant autour de C; EF, solidairement avec GH,
en glissant parallèlement à GH; et supposons que AB
conduise EF. Si nous faisons voir que, pendant le mouvement, GH et *circ.* r roulent l'un contre l'autre, nous

aurons démontré que le rapport $\dfrac{v}{a}$ conserve la valeur constante r.

281. Or, supposons que AB tourne infiniment peu autour de C, solidairement avec les deux cercles, et de manière que le point U de *circ*. CR vienne prendre la place du point R. La droite UK, tangente à *circ*. CR et normale à la développante au point K, viendra recouvrir RD ; et le point K prendra, sur le prolongement de RD, une position k telle que Dk soit égal à l'excès de UK sur RD, ou égal à RU (n°. 75). La ligne AB, dans sa nouvelle position ab, traversera normalement RD prolongé. La droite EF, dans sa nouvelle position ef (qui rencontre GH en L), sera toujours perpendiculaire à RD. C'est donc en k qu'aura lieu le contact de ef avec ab.

Mais, pendant que le point U passe en R, la roue tourne de la quantité angulaire $\dfrac{\text{RU}}{\text{RC}}$ ou $\dfrac{\text{D}k}{\text{RC}}$, laquelle est égale aussi à $\dfrac{\text{LD}}{\text{DC}}$, à cause de la similitude des triangles rectangles LkD et DRC. Le point D, considéré comme appartenant à *circ*. r, et situé à la distance DC du centre de rotation, décrit donc un arc égal à $\dfrac{\text{LD}}{\text{DC}} \times$ DC ou à LD. D'une autre part, LD représente évidemment le chemin que décrit le point D considéré comme appartenant à la droite GH qui se meut solidairement avec EF. Ainsi, pendant que AB conduit EF, il passe simultanément au point de contact de *circ*. r et de GH, des longueurs égales de la circonférence et de la droite : c'est-à-dire que la circonférence et la droite roulent l'une contre l'autre.

282. De ce qui précède, il résulte que l'arc de développante AB peut être pris pour profil d'une dent de la roue; et la droite EF, pour profil d'une dent de la crémaillère.

Tel est le principe de l'engrenage de la crémaillère à dents obliques, lequel correspond à l'engrenage à développantes de cercle, relatif aux roues planes.

§ 3. EXCENTRIQUES.

(TRANSFORMATION D'UN MOUVEMENT CIRCULAIRE CONTINU DANS UN
MOUVEMENT RECTILIGNE ALTERNATIF.)

I. Excentrique conduisant une touche.

283. Un corps solide peut se mouvoir parallèlement à une direction EF (fig. 130) donnée dans le plan de la figure; un bouton cylindrique M, perpendiculaire à ce plan, est fixé au corps et se meut avec lui. Ce bouton, qui porte aussi le nom de *touche*, est assujetti à s'appuyer constamment contre le bord AB d'un excentrique tournant autour d'un axe C perpendiculaire au même plan; et il en reçoit un mouvement de va-et-vient parallèlement à la droite EF.

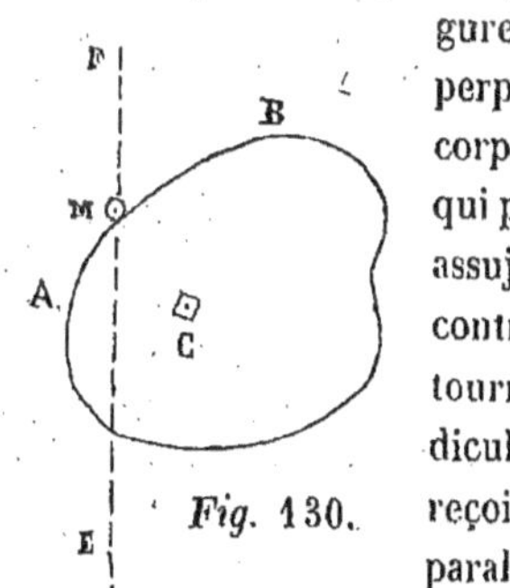

Fig. 130.

284. Pour étudier la loi du mouvement, on réduit la touche à un point unique M (fig. 131) mobile sur EF, et l'excentrique à une ligne plane AB située dans le plan de la

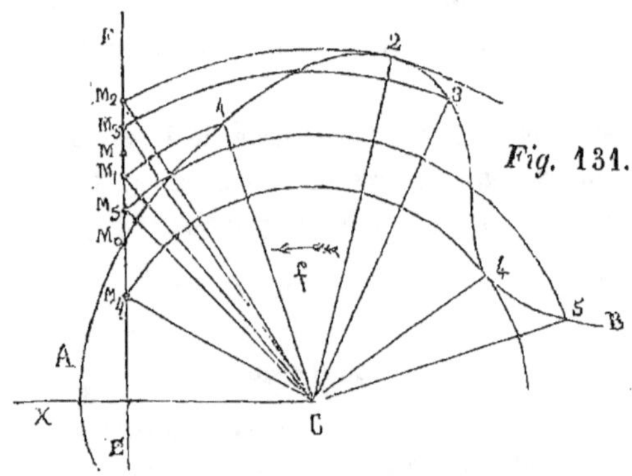

Fig. 131.

figure, représentée dans sa position initiale, et mobile
autour du point intérieur C, dans un sens qui sera, par
exemple, celui qu'indique la flèche f. On prend, sur la
ligne AB, en partant de la position initiale M_0 du point M, et
en sens contraire du mouvement, des points 1, 2, ...
On décrit, du centre C et avec les rayons C1, C2, ..., des
arcs de cercle qui rencontrent la droite EF aux points M_1,
M_2, ...; et l'on observe que, en vertu même des liaisons
du système, la touche M arrive en M_1 avec le point 1 de
l'excentrique, en M_2 avec le point 2, etc. Or, l'excentrique a parcouru l'angle $1 C M_1$ dans le premier cas, l'angle
$2 C M_2$ dans le second, etc. Les positions M_0, M_1, M_2, ...
de la touche correspondent donc aux chemins angulaires
zéro, $1 C M_1$, $2 C M_2$, ... de l'excentrique.

285. Dans le cas de la figure, la forme de l'excentrique est telle, qu'un point mobile, qui parcourt l'arc AB
dans un sens contraire à celui de la flèche, s'éloigne du

point c en allant de M_0 à 2, s'en rapproche en allant de
2 à 4, puis s'en éloigne encore en dépassant le point 4. Il
en résulte que la touche, conduite par l'excentrique, parcourt la droite EF, dans le sens EF, en allant de M_0 à M_2 ;
dans le sens FE, en en allant de M_2 à M_4 ; et dans le sens
EF, après avoir atteint le point M_4.

286. Le point M resterait immobile si la ligne AB se
confondait avec une circonférence de centre C.

287. On peut se proposer de déterminer, pour
chaque position du système, le rapport $\frac{v}{a}$ de la vitesse de
translation à la vitesse de rotation.

A cet effet, du point C (fig. 132), on abaisse d'abord
sur EF la perpendiculaire CX ; on mène par le point M_0

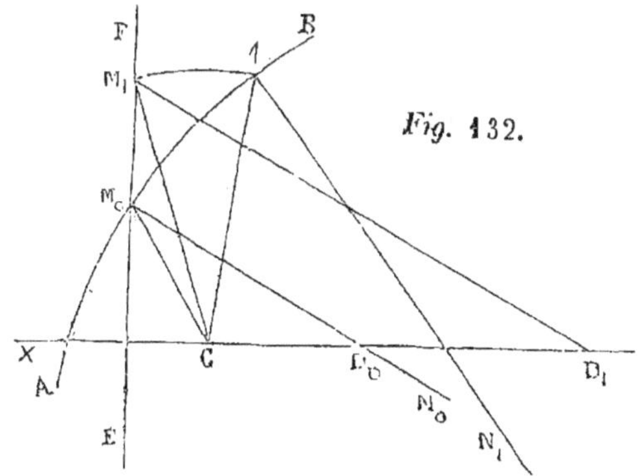

Fig. 132.

la droite $M_0 N_0$ normale à AB, rencontrant CX au point D_0 ;
et l'on observe que, pour la position initiale du système,

15

le rapport $\dfrac{v}{a}$ a même expression numérique que CD_0,
d'après ce qui a été vu aux n°. 265 et 269.

La touche passant à la position M_1, le point 1 de l'excentrique arrive en M_1, et la droite $C1$ en CM_1; la normale $1N_1$ à l'excentrique, au point 1, vient donc prendre la position M_1D_1, où elle forme avec M_1C l'angle CM_1D_1 égal à $C1N_1$; par conséquent sa rencontre D_1 avec CX fait connaître la valeur CD_1 du rapport $\dfrac{v}{a}$, dans la position considérée du système.

De même pour toutes les autres positions.

288. D'ailleurs, s'il arrive, comme dans le cas de la *figure* 131, qu'aux points 2 et 4 l'excentrique touche les circonférences de centre C et de rayons respectifs $C2$ et $C4$, les normales à l'excentrique se confondent alors avec les droites $C2$ et $C4$ elles-mêmes : d'où il est aisé de conclure que le rapport $\dfrac{v}{a}$ est nul pour les positions M_2 et M_4 de la touche.

Or, supposons constante la vitesse a de la rotation de l'excentrique; le rapport $\dfrac{v}{a}$ ne peut s'annuler que si la vitesse v elle-même devient nulle. On voit donc que, pendant un instant infiniment court, la touche s'arrête en atteignant les positions dans lesquelles son mouvement change de sens.

289. On peut donner la loi du mouvement et demander la figure de l'excentrique. Soit, par exemple, M_0 (fig. 131) la position initiale de la touche; M_1, M_2, ... les positions qu'elle vient prendre après que l'excentrique a

tourné des quantités angulaires i_1, i_2, ... Il résulte de ce
qui a été dit précédemment, que l'on obtiendra la figure de
l'excentrique considéré dans sa position initiale, en décrivant du centre C, dans un sens contraire à celui de la
rotation, des arcs $M_1 1$, $M_2 2$, ... qui aient respectivement
i_1, i_2, ... pour mesure angulaire, et en faisant passer
un trait continu par les points M_0, 1, 2, ...

280. Remarquons le cas particulier (fig. 133) où le
point C est situé sur la droite EF. Les positions M_0, M_1, M_2,

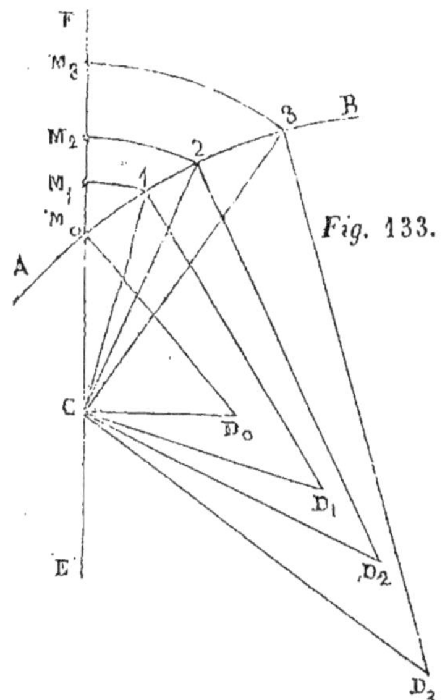

... de la touche correspondent alors aux chemins angulaires
zéro, FC1, FC2, ... parcourus par l'excentrique ; et les
points D_0, D_1, D_2, ... , où les droites menées par le point

c perpendiculairement à CM_0, c1 , c2 , ... rencontrent respectivement les normales des points M_0, 1 , 2 , ... , déterminent les valeurs CD_0 , CD_1 , CD_2 ,... que prend successivement le rapport $\dfrac{v}{a}$.

II. Excentrique conduisant un mentonnet.

291. L'excentrique , dans son mouvement continu de rotation, peut encore transmettre à un corps solide un mouvement rectiligne alternatif , en agissant sur une traverse , dite *mentonnet* , fixée à ce corps, et qui présente une face perpendiculaire à la direction EF (fig. 134). Cette face coupe le plan de la figure suivant une droite MK perpendiculaire à EF, constamment tangente à AB, et qu'il suffira de considérer.

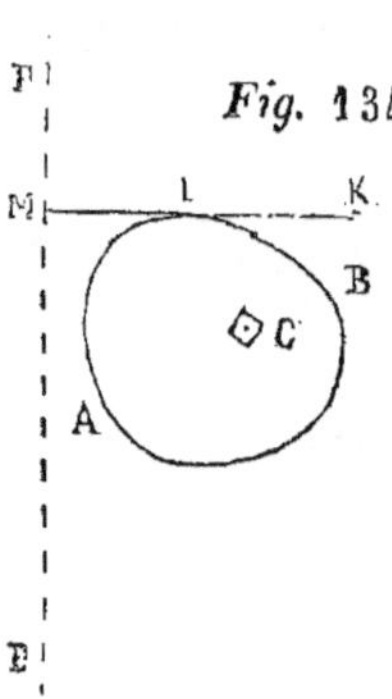

Fig. 134.

292. Soit AB (fig. 135) l'excentrique supposé convexe, et donné dans sa position initiale avec le mentonnet M_0K_0 qui lui est tangent ; cherchons d'abord la loi du mouvement. Cette loi sera connue si l'on sait déterminer la distance du mentonnet au centre c de la rotation, pour chacune des positions que prend l'excentrique.

Dans la position initiale , cette distance est CH_0 : en appelant H_0 le point d'intersection de M_0K_0 avec la droite CZ_0 parallèle à EF et passant au point c.

Soit ensuite menée par le point c une autre droite CZ_1.

Cette droite, tournant autour du point c solidairement

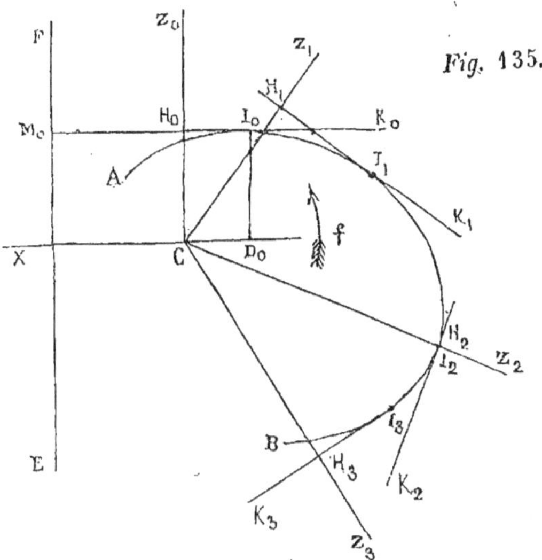

Fig. 135.

avec l'excentrique, vient évidemment s'appliquer sur cz_0, après que l'excentrique a tourné de l'angle z_0cz_1. Or, si l'on mène à AB la tangente H_1K_1 perpendiculaire à la droite cz_1 qu'elle rencontre en H_1, et si cette tangente H_1K_1 participe au mouvement de rotation, elle devient perpendiculaire à EF, en même temps que cz_1 s'applique sur cz_0; on est donc assuré qu'elle vient, à cet instant, coïncider avec le mentonnet; et l'on en conclut que la distance du point c au mentonnet est égale à cH_1, quand l'excentrique a tourné de l'angle z_0cz_1.

On trouverait de même les distances cH_2, cH_3, ... qui correspondent aux chemins angulaires z_0cz_2, z_0cz_3, ...

293. Les droites H_0K_0, H_1K_1, H_2K_2, ... touchent l'excentrique en des points I_0, I_1, I_2, ... Supposons, comme dans le cas de la figure, que le point H_2 coïncide avec le point I_2, ou que CH_2 soit l'une des normales menées du point C à la ligne AB; supposons en outre que, dans le voisinage du point I_2 et de part et d'autre de ce point, la ligne AB soit intérieure à la circonférence de centre C et de rayon CH_2, ou qu'elle lui soit extérieure. On peut remarquer alors que la tangente H_2K_2 est, dans le premier cas, plus éloignée, dans le second, plus rapprochée du point C que les tangentes voisines; et, par suite, que le mouvement du mentonnet change de sens au moment où sa distance au point C devient égale à CH_2, c'est-à-dire après la rotation angulaire z_0Cz_2 de l'excentrique.

294. Il est facile d'obtenir, pour chacune des positions considérées précédemment, la valeur du rapport $\dfrac{v}{a}$.

D'abord, dans la position initiale, la normale commune I_0D_0 rencontrant en D_0 la perpendiculaire CX à EF, ce rapport est égal à CD_0 (n°. 265); mais CD_0 est égal à I_0H_0; ainsi $\dfrac{v}{a}$ a même expression numérique que la distance du point I_0 de contact à la droite Cz_0 menée par le centre de rotation parallèlement à EF.

L'excentrique tourne ensuite de l'angle z_0Cz_1, et Cz_1 devient parallèle à EF; c'est alors I_1H_1 qui représente la valeur du rapport $\dfrac{v}{a}$. Après une rotation égale à z_0Cz_2, le rapport $\dfrac{v}{a}$ s'annule, parce que les deux points I_2 et H_2 se confondent. Il devient égal à I_3H_3 après la rotation z_0Cz_3.

295. Supposons que l'on donne la loi du mouvement, ou les distances d_0, d_1, d_2, ... du mentonnet au point c, pour des rotations angulaires *zéro*, i_1, i_2, ... de l'excentrique ; et proposons-nous de trouver la figure de l'excentrique considéré dans sa position initiale.

Nous mènerons, pour cela, par le point c (fig. 135), les droites cz_0, cz_1, cz_2, ... formant avec EF les angles *zéro*, i_1, i_2, ..., comptés en sens contraire du mouvement ; nous prendrons, sur les droites cz_0, cz_1, cz_2, ..., les longueurs cH_0, cH_1, cH_2, ... respectivement égales à d_0, d_1, d_2, ... ; nous mènerons par les points H_0, H_1, H_2, ..., les droites H_0K_0, H_1K_1, H_2K_2, ... respectivement perpendiculaires aux premières ; nous tracerons à la main un trait continu AB touchant successivement les lignes H_0K_0, H_1K_1, H_2K_2, ... ; et cette ligne AB, prise pour excentrique, satisfera aux conditions demandées. Cela résulte de ce qui a été dit précédemment.

---

§ 4. CAMES DES PILONS.

(TRANSFORMATION D'UN MOUVEMENT CIRCULAIRE CONTINU DANS UN MOUVEMENT RECTILIGNE ALTERNATIF.)

296. Les *cames* des pilons (fig. 136) sont des excentriques E distribués à la circonférence d'une roue verticale R mobile sur son centre. Ces excentriques, entraînés dans le mouvement de rotation de la roue, viennent successivement soulever un mentonnet M, lié au manche d'un pilon P que la pesanteur fait à chaque fois retomber.

297. S'il doit exister un rapport constant entre la vi-

tesse d'ascension du pilon et la vitesse de rotation de la
roue, il faut alors don-
ner à la came le même
profil qu'à la face d'une
dent de roue conduisant
une crémaillère à flancs
droits. Nous avons pré-
cédemment traité cette
question (n°. 276 et
suivants), mais d'une
manière indirecte, et
comme cas particulier
de l'engrenage de deux
roues. C'est pourquoi
nous allons la reprendre
ici, en démontrant di-

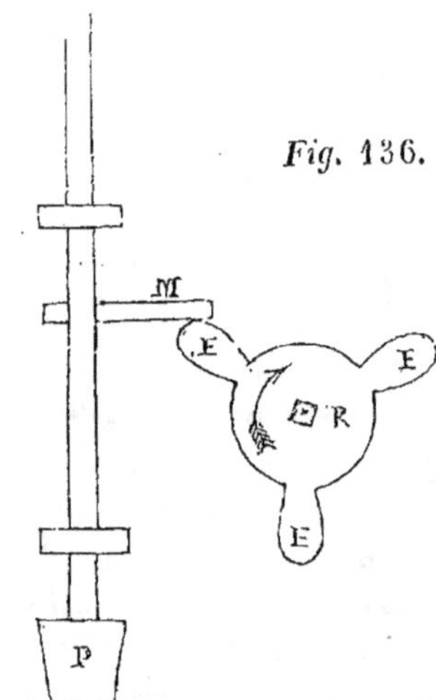

rectement qu'il faut choisir pour profil de la came une développante de cercle.

298. Soit MK (fig. 137) la position initiale du mentonnet, supposé horizontal et au point le plus bas de sa
course. On place le centre C de la roue sur le prolongement de MK; on décrit, avec un rayon arbitraire supérieur
à celui de la roue, une circonférence de centre C, rencontrant au point I la droite MK; et l'on mène par le point I
l'arc AB de développante du cercle, dont l'origine A se confond avec le point I. Cet arc AB, pris pour excentrique et
tournant autour du point C, conduit le mentonnet MK, de
manière à établir entre les deux vitesses un rapport constant.

Pour le prouver, prenons sur la circonférence CI, à partir du point I et dans un sens contraire à celui de la rota-

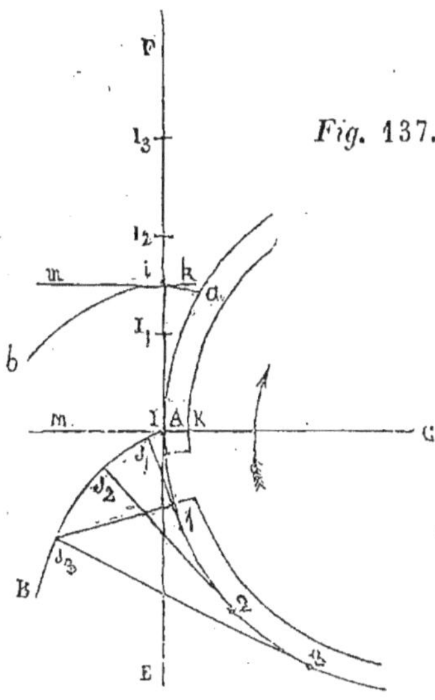

Fig. 137.

tion, les points successifs 1, 2,... ; menons, par ces points, des tangentes à la circonférence, rencontrant normalement la développante aux points J_1, J_2, ... ; prenons ensuite sur la verticale FE du point I, à partir du point I et au-dessus de ce point, les longueurs II_1, II_2, ... respectivement égales aux longueurs $J_1 1$, $J_2 2$, ... La circonférence CI tournant autour du point C solidairement avec l'excentrique, les points 1, 2, ... viennent successivement prendre la place du point I ; les droites $J_1 1$, $J_2 2$, ... s'appliquent successivement sur FE ; les points J_1, J_2, ... prennent successivement les positions respectives I_1, I_2, ... Dans chacune de ces positions, l'excentrique coupe normalement la droite FE ; en sorte que le mentonnet , assujetti à rester horizontal et à toucher l'excentrique , vient passer par les points I_1, I_2, ..., en même temps que les points 1, 2, ..., arrivent à la hauteur du point C. Or, on a

$$I_1 I = J_1 1 = arc\ 11\ ,$$
$$I_2 I = J_2 2 = arc\ 12\ ,$$

$$.\quad .\quad .\quad .\quad .\quad .\quad .$$

Ces égalités montrent que le chemin vertical parcouru par le mentonnet est égal au chemin linéaire que parcourent, dans le même temps , les différents points de la circonférence CI. La vitesse d'ascension v du mentonnet est donc' égale à la vitesse linéaire de rotation de la circonférence CI , et par conséquent égale au produit par CI de la rotation angulaire a. Le rapport $\dfrac{v}{a}$ a donc la valeur constante CI.

On peut disposer arbitrairement de cette valeur constante , en éloignant ou en rapprochant le point I du point C.

299. On remarquera que le contact i, mobile sur l'excentrique ab, qu'il parcourt en allant de a en b, occupe toujours la même position sur le mentonnet mk.

Supposons l'excentrique AB terminé en J_3. Si le mentonnet était réduit au segment MI, c'est en I_3 qu'aurait lieu la séparation, et que le pilon retomberait. Mais , si le mentonnet se prolonge au-delà du point I, jusqu'en K, l'excentrique doit le conduire encore au-dessus du point I_3 , l'extrémité de l'excentrique glissant contre le prolongement

du mentonnet, et le rapport des vitesses cessant d'être
constant. Arrivée en K, l'extrémité de la came abandonne le
mentonnet, et le pilon retombe.

---

§ 5. TRANSMISSION INTERMITTENTE.

(TRANSFORMATION D'UN MOUVEMENT RECTILIGNE ALTERNATIF DANS UN MOUVEMENT CIRCULAIRE CONTINU.)

300. Reportons-nous au cas où l'on transforme un
mouvement circulaire alternatif dans un mouvement
circulaire continu (n°ˢ. 196 et 197); et , sans changer la
direction de la droite CO (fig. 87 et 88), éloignons indéfiniment le centre O. Imaginons qu'à mesure que ce
centre s'éloigne, on modifie les faces MN et M'N' , de
manière que l'ancre EF ne cesse point de transmettre à la
roue C un mouvement continu de rotation. Le rapport des
arcs [5]N et [15]M' (fig. 87), égal au rapport de leurs
distances au point O, approche de plus en plus d'être égal
à l'unité; et les cordes de ces arcs approchent de plus en
plus de prendre des directions perpendiculaires à la droite
CO. Lorsque le point O est à l'infini, les arcs sont égaux ;
les cordes, confondues avec les arcs , sont égales elles-
mêmes; et leur direction est perpendiculaire à CO. Alors ,
le mouvement de rotation de l'ancre a dégénéré dans un
mouvement de translation rectiligne; et ce dernier mouvement, supposé alternatif, détermine encore le mouvement
continu de rotation de la roue C. La transformation d'un
mouvement rectiligne alternatif dans un mouvement circulaire continu, se présente ainsi comme un cas particulier
de la transformation d'un mouvement circulaire alternatif,

dans un mouvement circulaire continu ; et la construction des faces MN et M′N′ s'y effectue en menant par les points [5] et [15] (fig. 87), perpendiculairement à la droite CO, deux droites égales et de même sens, dont on joint respectivement les extrémités N et M′ aux points M et N′.

Nous nous bornons à ces seules remarques, qui, avec les développements donnés plus haut (nᵒˢ. 196 et 197), à propos de deux mouvements circulaires, indiquent suffisamment comment on peut, dans le cas actuel, achever de construire le système, et assurer la transmission avec l'intermittence.

DEUXIÈME SECTION.

LA DIRECTION DE LA TRANSLATION, PARALLÈLE A L'AXE DE LA ROTATION.

§ 1ᵉʳ. DE LA VIS.

(TRANSFORMATION ENTRE MOUVEMENTS CONTINUS.)

301. Concevons un solide parallélipipédique PQ (fig. 138), traversé d'une face à l'autre par un trou cylindrique circulaire droit, dont CD est l'axe et CE le rayon. Imaginons un cylindre circulaire droit, plein, de même diamètre, remplissant exactement le cylindre creux. Supposons qu'une petite figure plane EFGH, dont un côté EF coïncide avec une génératrice du cylindre, et dont le plan prolongé va rencontrer l'axe, soit animée d'un double mouvement, l'un, de translation parallèlement à l'axe, de sens

CD, de vitesse v; l'autre, de rotation autour de l'axe, de sens f, de vitesse a. Si le rapport $\dfrac{v}{a}$ conserve une valeur

Fig. 138 (1).

constante, représentée par le rapport à 2π d'une longueur donnée h, le contour EFGH de cette figure plane découpe dans le parallélipipède un filet hélicoïde, que nous supposerons indépendant de ce parallélipipède et adhérent au cylindre. Le cylindre revêtu de son filet plein constitue la *vis*; le parallélipipède, avec son filet creux, constitue l'*écrou* de la vis; leur *pas* commun est h.

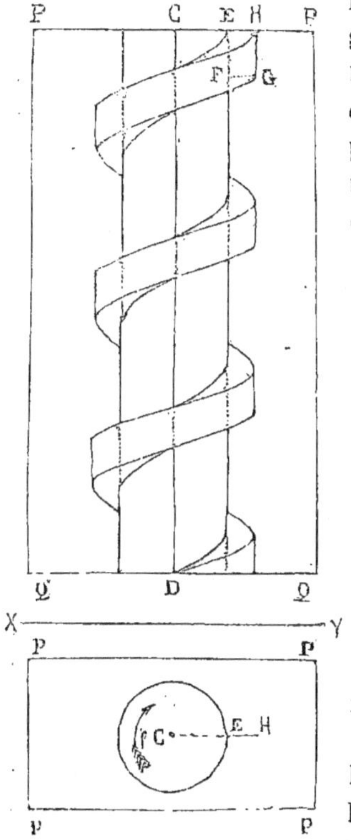

302. Le rapport $\dfrac{v}{a}$ étant supposé toujours égal $\dfrac{h}{2\pi}$, il résulte de ce qui a été vu au n°. 41, que la vis et l'écrou glisseront l'un contre l'autre, si la vis tourne sur son axe dans le sens f, avec

(1) Au-dessus de XY, on a représenté une projection sur la face antérieure du parallélipipède; au-dessous de XY, on a figuré la face supérieure.

la vitesse a, pendant que l'écrou se meut parallèlement à
l'axe, dans le sens DC, avec la vitesse v; ou si la vis se
meut parallèlement à l'axe, dans le sens CD, avec la vitesse v, pendant que l'écrou tourne autour de l'axe, avec
la vitesse a, dans un sens contraire à celui de la flèche f.

393. Or, admettons que, des deux pièces qui com-
posent le système, l'une puisse seulement prendre un
mouvement de rotation autour de l'axe, et l'autre un mouvement de translation parallèlement à l'axe. Admettons
aussi qu'on réalise le mouvement de rotation de la première. La seconde, ne pouvant se laisser pénétrer par la
première, devra se déplacer de manière que la surface de
l'écrou continue à coïncider avec la surface de la vis; et,
comme le seul déplacement possible pour la seconde est un
mouvement de translation parallèle à l'axe, ce déplacement se produira, en satisfaisant d'ailleurs à la condition
que le rapport $\dfrac{v}{a}$ soit toujours égal à $\dfrac{h}{2\pi}$.

Ainsi, un mouvement de rotation autour de l'axe CD
détermine un mouvement de translation parallèlement à
cet axe; et, pour que la continuité de la transmission du
mouvement soit assurée, il suffit de concevoir le cylindre
de la vis et son filet hélicoïde prolongés indéfiniment de
part et d'autre de l'écrou.

On verrait, de même, que le mouvement de translation
de l'une des pièces détermine le mouvement de rotation de
l'autre, et dans les mêmes conditions de vitesse.

§ 2. VIS D'ARCHIMÈDE.

(TRANSFORMATION ENTRE MOUVEMENTS CONTINUS.)

—

I. Des maxima et des minima sur une hélice dont l'axe est incliné.

304. *Propriété géométrique des maxima et des minima des courbes tracées dans l'espace.* — Si, par un point M (fig. 139) d'une courbe AB tracée dans l'espace,

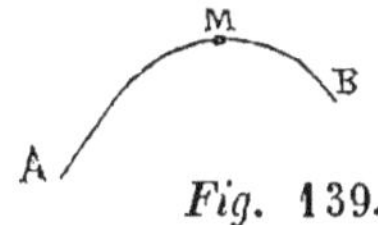

Fig. 139.

on mène un plan horizontal, et si, de part et d'autre du point M, dans le voisinage de ce point, la courbe est située au-dessous du plan horizontal, le point M est dit un point *maximum;* il est dit un point *minimum* si la courbe est située au-dessus de ce plan.

305. Supposons le point M (fig. 140) pris quelconque

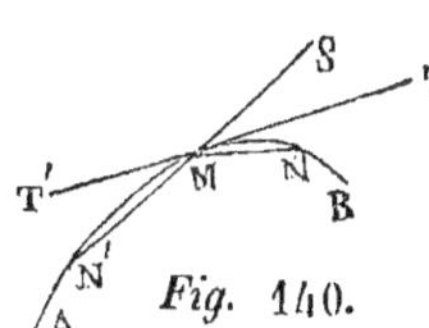

Fig. 140.

sur la ligne AB; soit TMT′ la droite tangente à la courbe en ce point; prenons sur AB, de part et d'autre du point M, deux points N et N′, l'un N du côté de MT, l'autre N′ du côté de MT′; menons les cordes MN et MN′; soit MS le prolongement de la seconde au-delà du point M. Si les points N et N′ se rapprochent indéfiniment du point M, les angles NMT et N′MT′ tendent indéfiniment vers zéro; et, comme l'angle N′MT′ est égal à l'angle TMS, on peut dire encore que les directions MN et MS approchent de plus en plus de se confondre avec MT, à mesure que les points N et N' approchent de se confondre avec le point M.

306. Cette remarque faite, supposons que le point M soit un point maximum. Les points N et N' étant situés au-dessous du plan horizontal du point M, la droite MN est au-dessous de ce plan et la droite MS au-dessus; par conséquent la droite MT, dont elles se rapprochent indéfiniment quand les points N et N' se rapprochent indéfiniment du point M, ne peut être que située dans le plan horizontal lui-même.

On arrive au même résultat quand le point M est un point minimum.

307. Ainsi, pour les points maxima et pour les points minima des courbes, la tangente est horizontale : ce qui conduit à rechercher si une courbe possède de pareils points, en recherchant d'abord si elle possède des tangentes horizontales.

308. *Condition pour qu'il existe des tangentes horizontales sur une hélice dont l'axe est incliné.* — Soit i l'angle aigu que l'axe CD de l'hélice (fig. 141) forme avec le plan de l'horizon ; soit z l'angle aigu constant que forme avec l'axe une tangente à l'hélice. Considérons seulement sur l'hélice le premier tour de spire BEFG, à partir de la base inférieure BJD du cylindre.

Menons à l'hélice, par l'un quelconque M de ses points, une tangente MT, prolongée d'un seul côté du point M, vers la base BJD. Pour une figure d'homme placée sur CD,

les pieds vers D, la tête vers C, et regardant le point M,
cette tangente MT est, on le voit, située à droite ; elle
forme l'angle z avec la parallèle MJ à CD, menée du côté

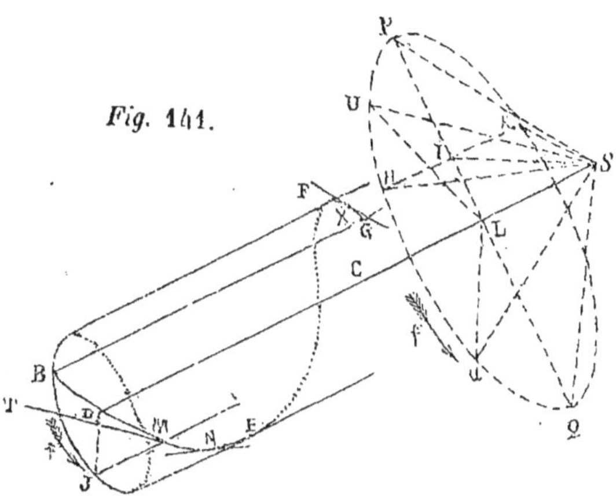

de la base. Si le point M se déplace sur l'hélice et la parcourt en allant de B en G, la tangente MT change de direction dans l'espace, mais elle forme toujours avec l'axe
le même angle z, et reprend au point G la direction qu'elle
avait au point B.

Il en résulte que, si l'on mène, par le point S choisi arbitrairement sur le prolongement de l'axe DC, une droite SU
parallèle à la tangente mobile MT, de même sens et de
longueur constante, cette droite SU décrit, autour de la
droite SC prise pour axe, la surface d'un cône circulaire
droit de sommet S, et dont la base, de centre L, est engendrée par la perpendiculaire UL abaissée du point U sur
SC.

309. A une tangente horizontale de l'hélice correspond une génératrice horizontale du cône, et réciproquement. Cherchons donc si le cône possède des génératrices horizontales.

Ces génératrices horizontales, s'il en existe, sont situées dans le plan horizontal mené par le point s; elles sont également situées sur le cône; elles sont donc à l'intersection du cône avec le plan. Il faut donc que le plan horizontal mené par le point s rencontre le cône, pour qu'il existe sur l'hélice des tangentes horizontales; et cette condition d'ailleurs est suffisante.

Quand le plan rencontre le cône, il le coupe généralement suivant deux génératrices distinctes SH et SK : ainsi, un même tour de spire de l'hélice, BEFG, possède généralement deux tangentes horizontales de directions différentes, ou il n'en possède point.

310. Concevons que l'on mène suivant l'axe SC (fig. 142 et fig. 143) un plan vertical; puis, dans ce plan vertical et par le point s, d'une part, l'horizontale SI qui forme avec SC un angle égal à i, de l'autre, les deux droites SP et SQ qui forment avec SC, au-dessus et au-dessous de SC, un angle égal à z, et appartiennent par conséquent à la surface convexe du cône. Si l'angle i est moindre que z (fig. 142), la droite SP est située au-dessus du plan horizontal du point s; et, comme la droite SQ est située au-dessous, on est assuré

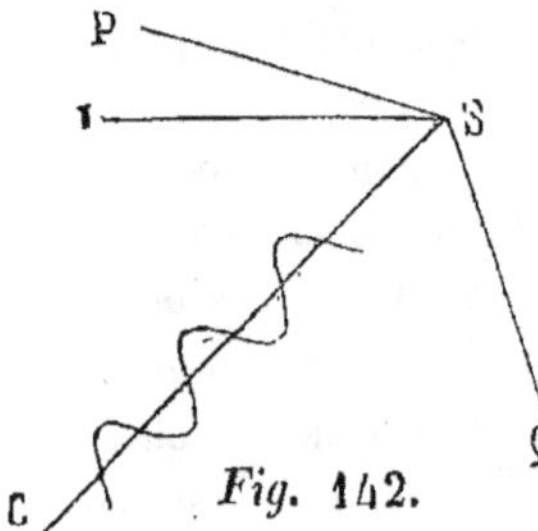

Fig. 142.

que ce plan coupe le cône suivant deux droites placées symétriquement de part et d'autre du plan vertical mené par l'axe. Si, au contraire, l'angle i est plus grand que z (fig. 143), les deux droites SP et SQ sont situées l'une et l'autre au-dessous du plan horizontal du point S; et, par suite, il en est de même de toutes les génératrices du cône, lequel ne possède alors que le point S de commun avec le plan horizontal.

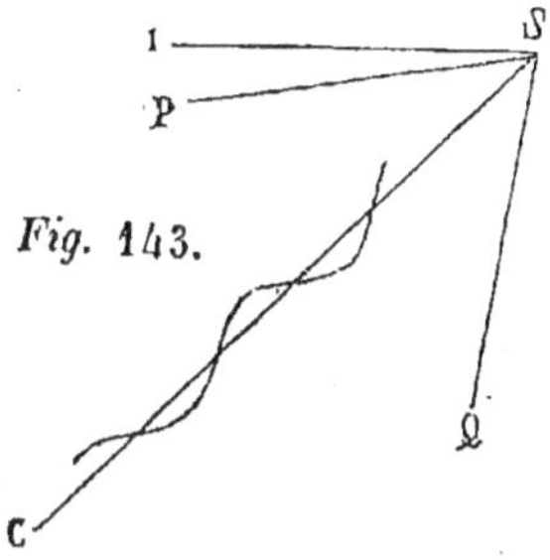

Ainsi, laissant de côté le cas particulier de i égal à z, on voit que, pour $i < z$, il existe sur l'hélice deux tangentes horizontales, et que, pour $i > z$, il n'en existe point.

311. *Recherche des tangentes horizontales de l'hélice.* — Proposons-nous d'abord de déterminer le point de l'hélice où la tangente est parallèle à une génératrice SU donnée sur le cône (fig. 141). Il suffit pour cela de faire tourner d'un angle droit le triangle SLU autour de SL, dans le sens f, ce qui l'amène à la position SLu; et de déterminer le point M d'intersection de l'hélice avec le plan du triangle SLu, en ayant soin, pour éviter toute ambiguité, de ne point prolonger ce plan de l'autre côté de l'axe.

Menons, en effet, par le point M ainsi obtenu, la droite MT parallèle à SU et de même sens, et la génératrice MJ du cylindre, parallèle à SL et de même sens. L'angle JMT est égal à l'angle LSU, et les plans de ces deux angles sont parallèles; mais le plan SLU est perpendiculaire au plan

SLu ; il en est donc de même du plan JMT. D'ailleurs, le plan SLu n'est autre que le plan des droites SL et MJ ; par conséquent le plan JMT, qui lui est perpendiculaire, touche le cylindre suivant la droite MJ. La droite MT de ce plan JMT, inclinée sur MJ de l'angle z, est donc bien la tangente à l'hélice au point M (n°. 28).

312. On n'a considéré sur l'hélice qu'un seul tour de spire ; mais il est évident que, si l'on conçoit l'hélice indéfiniment prolongée, tous les points de cette hélice qui sont situés sur la droite MJ prolongée elle-même indéfiniment, ont leurs tangentes parallèles à MT (n°. 29) ; et il n'y en a pas d'autres.

313. La construction indiquée pour trouver, sur l'arc d'hélice BEFG, la tangente MT de direction SU, est applicable à la recherche des tangentes parallèles à SH et à SK, c'est-à-dire, à la recherche des tangentes horizontales, quand il en existe. Elle fournit le point N de contact de la tangente parallèle à SH, et le point X de contact de la tangente parallèle à SK, après que ces droites SH et SK ont été obtenues comme on l'a vu plus haut.

314. *Recherche des points maxima et des points minima de l'hélice.* — On peut démontrer que, dans le cas de la figure, le point N est un point minimum et le point X un point maximum.

Remarquons pour cela que le point M, en allant de B en G sur l'hélice, parcourt des éléments successifs dont la direction est donnée à chaque instant par celle de la droite SU parallèle à MT, et qu'il parcourt ces éléments dans le sens US ; d'où il résulte que le point M monte quand la droite su est située au-dessous du plan horizontal du point s, et qu'il descend lorsque la droite su est située au-dessus de ce plan. Remarquons ensuite que su, dans son mouvement de rotation autour de sc, traverse la position sh pour passer au-dessous du plan, et qu'il traverse la position sk pour passer au-dessus. Nous apercevrons facilement alors que le point m descend pour atteindre le point n, et qu'il monte en le dépassant; tandis que, tout au contraire, il monte pour atteindre le point x et descend au-delà. Ainsi, le point n est un point minimum et le point x un point maximum.

315. Si, au lieu de considérer un seul tour de spire de l'hélice, on en considère un nombre indéfini (fig. 145), on obtient une série de points minima situés tous, avec le point n, sur une même génératrice nn du cylindre; et une série de points maxima situés tous, avec le point x, sur une autre génératrice xx.

316. *Du déplacement des maxima et des minima quand l'hélice tourne autour de son axe.* — Soit b′e′f′g′ (fig. 144) une autre position de l'hélice befg tournant autour de l'axe cd, dans tel sens que l'on voudra supposer. Cette rotation, pendant laquelle l'hélice reste toujours située sur le cylindre, ne change en rien la grandeur de l'angle que chacune des tangentes forme avec cd; d'où il résulte que les parallèles à ces tangentes, menées par le point s, appartiennent encore au même cône auxiliaire dont sh et sk sont les génératrices horizontales.

Cela posé, menons sur le cylindre la génératrice nn qui passe au point n de l'hélice bg, et rencontre l'hélice b′g′ en

N'. Les tangentes à ces deux courbes, menées respectivement par les points N et N', sont parallèles, comme étant
situées toutes deux dans le plan tangent au cylindre suivant

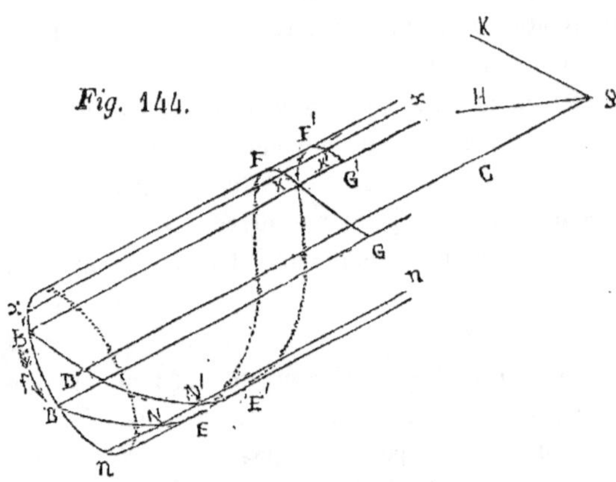

Fig. 144.

la droite nn, et formant avec cette droite des angles correspondants égaux à z. La tangente au point N' a donc la direction SH qui caractérise les points minima, et le point N'
est un point minimum de la seconde hélice.

De même, le point X', situé avec X sur une même génératrice xx du cylindre, a sa tangente parallèle à la tangente du point X, et, par conséquent, à SK : en sorte que
X' est un point maximum de la seconde hélice.

On voit donc que, si l'hélice tourne autour de l'axe CD,
le point minimum N et le point maximum X se déplacent
sur l'hélice, en décrivant dans l'espace des droites parallèles à cet axe.

II. Du mouvement d'un liquide pesant, dans un tube hélicoïde infiniment étroit.

317. *Cas d'une seule molécule liquide glissant dans*

l'intérieur du tube. — Ce cas peut être assimilé à celui dans lequel un point pesant m serait assujetti à glisser contre une hélice.

Si l'on a $i > z$ (fig. 143), la tangente mt est située au-dessous du plan horizontal du point m, pour toutes les positions du mobile. Ce point m, en conséquence, glisse contre l'hélice, dans le sens mt; et il en parcourt ainsi successivement tous les éléments, jusqu'à ce qu'il arrive en b, au point le plus bas.

318. Si l'on a $i < z$ (fig. 142), l'hélice possède des points minima ; et le mobile, placé en l'un de ces points, y demeure. Pour toute autre position, il glisse contre l'hélice et vient se placer au point minimum le plus proche, où il reste en équilibre (si toutefois sa vitesse acquise est négligeable, comme nous l'admettrons dans tout ce qui va suivre).

319. Supposons le mobile en n (fig. 144), au premier point minimum à partir de la base ; puis, faisons tourner infiniment peu l'hélice befg autour de l'axe cd du cylindre, en sens contraire de f, et de manière à l'amener à la position b′e′f′g′. Le mobile, au lieu de participer à ce mouvement de rotation, glissera contre l'hélice et viendra se placer au point n′ le plus bas : c'est-à-dire qu'il décrira dans l'espace l'élément rectiligne nn′, parallèle à dc et de sens dc.

Si le mouvement de rotation de l'hélice continue dans le sens assigné bb′, le mouvement de translation rectiligne du point m continuera suivant la même direction nn′, et dans le même sens, jusqu'à ce que le mobile arrive à l'extrémité supérieure de l'hélice.

Ainsi se trouvera réalisée, à l'aide du tube hélicoïde et de l'action incessante de la pesanteur, la transformation d'un mouvement circulaire continu dans un mouvement rectiligne continu de direction parallèle à l'axe de rotation.

320. Si l'on veut avoir le rapport $\dfrac{v}{a}$ des vitesses des deux mouvements, il faut se rappeler les conditions établies au n°. 34, pour le glissement d'une hélice et d'un point l'un contre l'autre. On en conclura aisément que ce rapport ne peut, à aucun instant, différer de celui du pas h à 2π.

321. *Cas d'une colonne liquide placée dans l'intérieur du tube ; arc hydrophore.* — L'angle i étant moindre que z, supposons une colonne liquide ON_1R (fig. 145) intro-

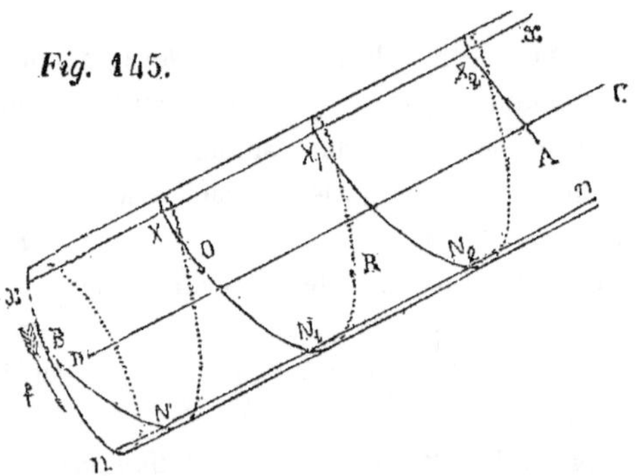

Fig. 145.

duite d'une manière quelconque dans le tube hélicoïde. Cette colonne ne peut être en équilibre que si elle se termine, par ses deux extrémités O et R, à un même plan horizontal au-dessous duquel elle est située tout entière.

Il existe donc sur l'hélice, entre les points o et r, un point minimum N_1. Si le tube tourne sur son axe, la colonne liquide se déplace dans le tube et vient chercher la position qui convient à son équilibre.

Pour connaître la nature de son déplacement, considérons celui du point N_1 le plus bas. Ce point, on le sait, se meut parallèlement à DC, dans le sens DC, lorsque l'hélice tourne sur son axe en sens contraire de f; et la vitesse v de translation est à la vitesse a de rotation dans le rapport de h à 2π. Or, on peut remarquer que ce mouvement de translation est commun à tous les points de la colonne ON_1R. C'est, en effet, dans l'hypothèse d'un pareil déplacement, que l'arc liquide ON_1R conserve ses extrémités o et r à la même hauteur, et qu'il glisse contre l'hélice sans cesser de se confondre avec elle : comme on l'a vu au n°. 35, en étudiant le mouvement de deux hélices l'une contre l'autre.

322. Il est, pour l'équilibre, une limite à la longueur de l'arc ON_1R, résultant de ce que l'extrémité o de la colonne liquide ne peut dépasser le point maximum $\dot{x}$ sans se déverser. Si le point o coïncide avec le point x (auquel cas le point r est situé avec le point x dans un même plan horizontal), la colonne occupe alors sur l'hélice le plus grand arc possible. Ce plus grand arc porte le nom d'*arc hydrophore ;* et il varie, pour une même hélice, avec l'inclinaison de l'axe de cette hélice à l'horizon.

323. *De l'introduction du liquide dans le tube hélicoïde.* — Si l'on continue à supposer l'angle i moindre que z, on aperçoit que, pendant la rotation du tube autour de son axe, la tangente à l'hélice au point B, menée de manière à prolonger le tube, est située alternativement au-dessus et au-dessous du plan horizontal du point B; d'où il résulte que le tube tourne alternativement par en haut et par en bas son ouverture B.

324. Imaginons que cette ouverture soit plongée dans l'intérieur d'une masse liquide en équilibre. Une portion du liquide occupe alors l'intérieur du tube sans dépasser le niveau général; et si, lorsque l'on fait tourner le tube autour de son axe, l'extrémité B reste toujours immergée, le niveau reste aussi toujours le même dans le tube et hors du tube. Aucun phénomène particulier ne se manifeste donc.

325. Concevons maintenant que, pendant le mouvement de rotation du tube, en sens contraire de f, l'extrémité B se trouve alternativement placée dans le liquide et hors du liquide; et que le tube émerge, à chaque tour, l'ouverture tournée par en haut. Il arrive alors qu'au moment de l'émergence, une certaine longueur BY du tube (fig. 146) est située au-dessous du niveau, et que le fait même de la rotation isole

Fig. 146.

du reste de la masse la colonne liquide qui s'y trouve renfermée. Celle-ci prend donc, dans le tube, un mouvement de translation parallèle à l'axe.

Après un tour entier, l'extrémité B émerge de nouveau, en séparant de la masse liquide une seconde colonne, qui se meut comme la première; un nouveau tour détermine l'ascension d'une troisième colonne, etc.; et toutes ces colonnes sont de même longueur : ou du moins elles le seraient si la présence de l'air ne venait compliquer les phénomènes.

326. Les principes que l'on vient d'exposer peuvent être considérés, approximativement, comme applicables au cas d'un tube hélicoïde de section très-petite. C'est dans ce tube que consiste la *vis d'Archimède* des anciens, au moyen de laquelle on puise l'eau par l'extrémité inférieure, pour la déverser par l'extrémité supérieure.

III. Du mouvement d'un liquide pesant, dans un canal hélicoïde de dimensions quelconques.

327. Dans le cas où l'axe DC (fig. 147) de ce canal hélicoïde forme avec l'horizon un angle assez petit, il existe à sa surface des points minima. N est l'un de ces points, si le plan horizontal HH, que l'on y fait passer, laisse au-dessus de lui tous les points de la surface qui avoisinent le point N. On peut donc concevoir qu'une certaine quantité de liquide, logée dans la portion de canal dont N est le point le plus bas, y trouve une position ONR d'équilibre.

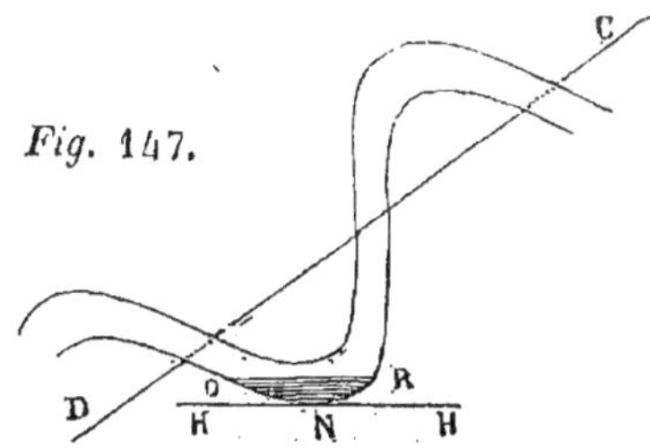

Fig. 147.

328. Cet équilibre est troublé si l'on fait tourner le canal autour de l'axe CD ; et, toute vitesse acquise étant supposée négligeable, le liquide qu'il renferme se déplace en venant prendre successivement les différentes positions d'équilibre qui correspondent à chacune des positions du canal.

Or, pendant que la rotation du canal s'effectue avec la vitesse a, imaginons que les points du liquide se meuvent parallèlement à l'axe, dans un sens convenable, avec la vitesse v, et de telle sorte que l'on ait toujours

$$\frac{v}{a} = \frac{h}{2\pi}.$$

Dans ces conditions, la surface plane OR du liquide restera toujours horizontale ; de plus, sa surface convexe ONR restera toujours en contact avec la surface intérieure du canal et glissera contre elle : comme on l'a vu au n°. 41, en étudiant le mouvement de deux surfaces hélicoïdes l'une contre l'autre. Le mouvement supposé est donc bien celui que doit prendre la masse liquide, pour occuper, dans l'intérieur du canal en mouvement, les positions successives d'équilibre : c'est donc bien aussi le mouvement effectif.

329. On peut faire une infinité d'hypothèses sur le volume du liquide maintenu en équilibre autour du point N. Toutefois, il est une certaine limite de grandeur que ce volume ne peut dépasser sans que le liquide déborde et se déverse. L'espace occupé par ce volume maximum porte le nom d'*espace hydrophore*.

La figure de cet espace hydrophore peut offrir deux

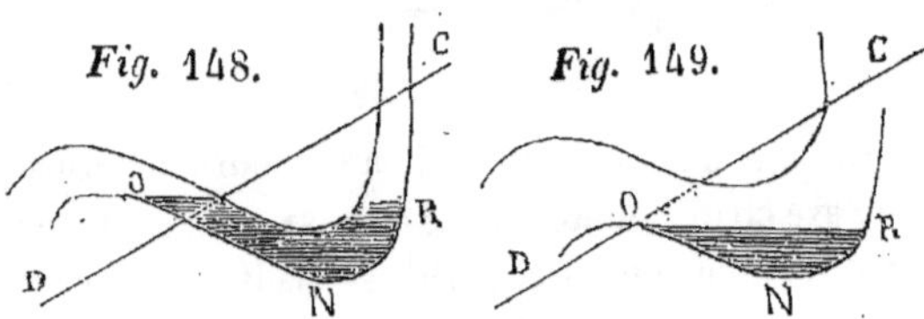

caractères qu'il importe de distinguer. Ou bien, comme

dans le cas de la *figure* 148, l'espace hydrophore obstrue le canal, c'est-à-dire qu'un point mobile doit traverser l'espace hydrophore pour aller d'une extrémité du canal à l'autre ; ou bien la continuité du canal n'est pas interrompue, comme dans le cas de la *figure* 149.

330. Dans tous les cas, que l'on considère cet espace comme rempli de liquide, ou qu'on le considère comme un solide purement géométrique et indépendant du canal, il est évident qu'un mouvement de rotation du canal sur son axe détermine un mouvement de translation de l'espace hydrophore parallèlement à l'axe, et dans un sens qui dépend de celui de la rotation. Nous pourrons, en conséquence, par une rotation convenable, amener sa surface plane et horizontale OR à coïncider avec celle d'un bain liquide où resterait plongée, dans toutes ses positions, l'ouverture inférieure du canal. L'espace hydrophore étant alors plein de liquide, faisons tourner le canal sur son axe, de manière à élever la surface OR au-dessus du niveau du bain.

331. Si, comme dans le cas de la *figure* 150, l'espace hydrophore n'interrompt pas la continuité du canal, le fait même de la rotation isolera du reste de la masse la portion de liquide qu'il renferme, et lui communiquera un mouvement de translation parallèle à l'axe.

Fig 150.

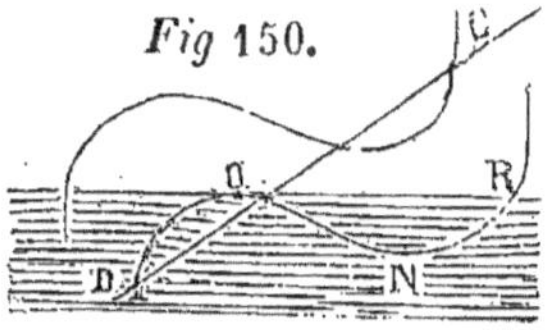

332. Mais si, comme dans le cas de la *figure* 151, le

liquide renfermé dans l'espace hydrophore obstrue le canal, ce mouvement d'as-

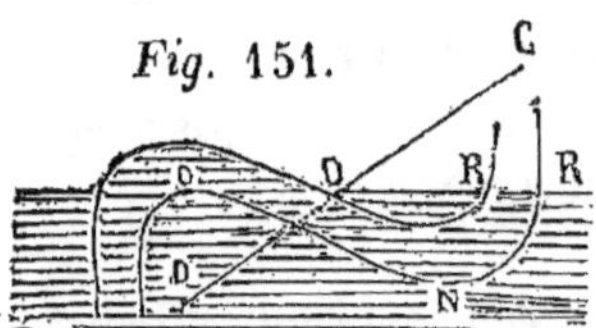

Fig. 151.

cension ne se produira pas, parce que, s'il avait lieu, il faudrait que la colonne liquide OONRR entraînât après elle le liquide situé au-dessus de la surface OO, ou qu'elle s'en séparât : ce que ne permettent point les lois relatives à l'équilibre d'un liquide soumis à la pression de l'atmosphère.

333. Si donc on veut employer le canal hélicoïde au puisage et à l'ascension d'une masse liquide en repos ; si l'on veut, en outre, que, pour une même inclinaison de l'axe, ce canal élève, à chaque tour, le plus grand volume possible de liquide ; il ne suffit pas que son ouverture reste toujours plongée dans le bain, il faut encore que l'espace hydrophore n'obstrue pas son intérieur. Or, on peut toujours, comme on va le voir, faire en sorte que cette condition soit remplie, en choisissant convenablement le canal.

334. Soit en effet C (fig. 152) l'axe de rotation, supposé perpendiculaire au plan de la figure ; GIK une

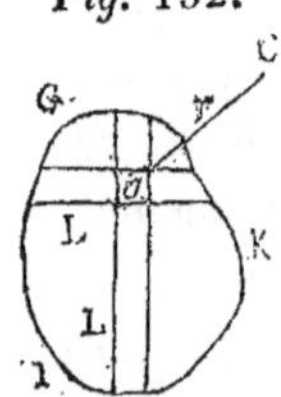

Fig. 152.

ligne fermée, située dans ce plan, et dont le mouvement engendre le canal hélicoïde de pas h. Imaginons que l'on mène, dans l'intérieur de la figure GIK, une infinité de lignes L, qui, par leurs intersections mutuelles, y déterminent des aires élémentaires telles que s. Pendant que le contour GIK engendre le canal hélicoïde, les lignes L engendrent, dans l'intérieur du canal, autant de cloisons idéales, qui le décomposent en canaux hélicoïdes élémentaires, correspondant à chacun des éléments s de l'aire GIK. Tous ces canaux ont même pas h et ne diffèrent les uns des autres que par la grandeur r de leur distance à l'axe commun. L'espace hydrophore relatif au canal GIK étant rempli de liquide en équilibre, solidifions par la pensée toutes ces cloisons sans épaisseur. L'équilibre ne sera pas troublé ; en sorte que le liquide renfermé dans l'un quelconque des canaux élémentaires, et considéré isolément du reste de la masse, doit se trouver en équilibre. Or, cette condition ne peut être remplie, pour un canal élémentaire, que s'il possède des points minima, c'est-à-dire si l'angle z que ses génératrices forment avec l'axe satisfait à l'inégalité $i < z$ (nº. 318). Dans le cas contraire, ce canal est nécessairement vide.

353. Rappelons maintenant la construction indiquée au nº. 28 pour obtenir l'angle z, lorsque l'on connaît le pas h de l'hélice et le rayon r du cylindre sur lequel elle

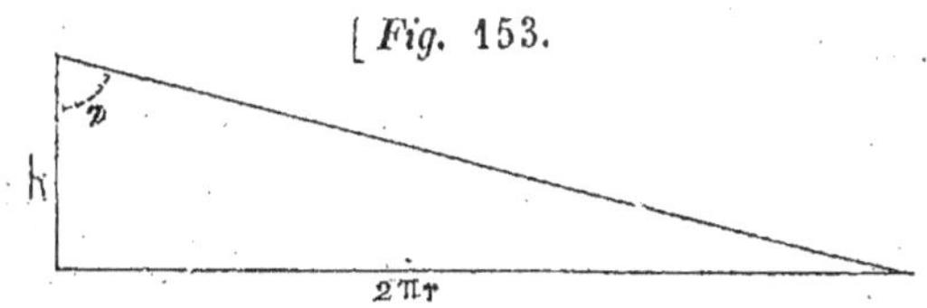

est tracée. Il faut, avons-nous vu, construire un triangle rectangle (fig. 153), dont les côtés de l'angle droit soient respectivement égaux à h et à $2\pi r$, et déterminer, dans ce triangle, l'angle opposé au côté $2\pi r$. Cet angle est égal à z;

et il suffit de le comparer à l'angle i pour savoir si le canal hélicoïde considéré peut, ou non, retenir du liquide en équilibre dans son intérieur.

D'ailleurs on aperçoit que l'angle z du triangle diminue avec r, et que l'on rend z aussi petit que l'on veut en prenant r suffisamment petit.

336. Si donc la ligne GIK, génératrice du canal, a été choisie assez voisine de l'axe C, il existe toujours dans son intérieur des éléments s dont la distance r à l'axe C est assez petite, pour que l'angle z qui y correspond soit moindre que l'angle i. Par conséquent aussi, il existe, dans l'intérieur du canal, des canaux élémentaires qui ne peuvent renfermer de liquide. On est donc assuré que, dans ces conditions, l'espace hydrophore n'obstrue point le canal, ou qu'il n'en interrompt point la continuité: en sorte qu'un pareil canal, tournant autour de son axe sans que son extrémité cesse d'être plongée dans le bain, élève, à chaque tour, une portion de liquide égale à celle que peut contenir un de ses espaces hydrophores. Ce liquide, après avoir parcouru toute la longueur du canal, se déverse par sa partie supérieure.

337. Tel est le principe de la *vis d'Archimède* des modernes, qui transforme un mouvement continu de rotation autour d'un axe, dans un mouvement continu de translation parallèlement à cet axe.

CHAPITRE II.

TRANSMISSION DU MOUVEMENT AU MOYEN D'AUXILIAIRES SOLIDES.

(LA DIRECTION DE LA TRANSLATION, PERPENDICULAIRE A L'AXE DE LA ROTATION.)

---

§ 1er. TRANSMISSION DU MOUVEMENT AU MOYEN D'UNE BIELLE.

(MOUVEMENT RECTILIGNE, ALTERNATIF; MOUVEMENT CIRCULAIRE, ALTERNATIF OU CONTINU.)

338. Un corps solide, consistant par exemple dans la tige d'un piston, est assujetti à glisser parallèlement à une direction donnée EF (fig. 154). Une manivelle CA, située

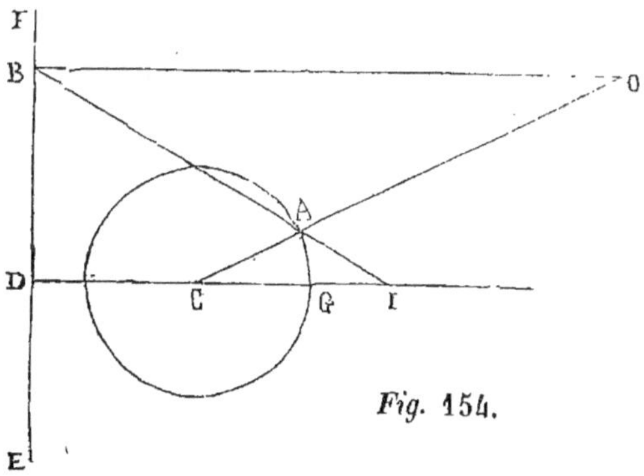

Fig. 154.

comme EF dans le plan de la figure, peut tourner autour d'un axe C perpendiculaire à ce plan. Une bielle AB est

17

articulée, d'une part, en un point B de la tige du piston, de l'autre, en l'extrémité A de la manivelle ; et peut servir ainsi à transformer le mouvement rectiligne du piston dans le mouvement circulaire de la manivelle, ou réciproquement.

On conçoit que le mouvement rectiligne est nécessairement alternatif, tandis que le mouvement circulaire peut être alternatif ou continu.

339. Représentons par r le rayon CA de la manivelle, par l la longueur de la bielle AB, par d la distance CD du centre C de la rotation à la trajectoire rectiligne EF du point B, par v la vitesse linéaire de ce point B, par a la vitesse angulaire de la manivelle.

340. Le centre instantané de rotation de la bielle est situé au point O de concours du rayon CA de la manivelle avec la perpendiculaire à EF menée par le point B (n°. 46) ; et, comme $a \times r$ est la vitesse linéaire du point A, il en résulte que l'on a (n°. 47)

$$\frac{v}{a.r} = \frac{OB}{OA}.$$

Soit I le point de rencontre de la bielle AB, ou de son prolongement, avec la droite indéfinie CD. Les deux triangles semblables CAI et OAB donnent la proportion

$$\frac{OB}{OA} = \frac{CI}{CA} ;$$

d'où il résulte

$$\frac{v}{a.r} = \frac{CI}{CA}.$$

et, après simplification, CA étant égal à r,

$$\frac{v}{a} = CI :$$

ce qui fait connaître le rapport des vitesses.

341. Pour que le mouvement de rotation puisse être continu, il faut que l soit égal ou supérieur à $d+r$: sans quoi le point A ne pourrait atteindre le point G, plus éloigné de la droite EF que tous les autres points de *circ. r*.

342. Supposons que l'on ait

$$l > d+r ;$$

supposons en outre que l'extrémité A de la bielle AB soit

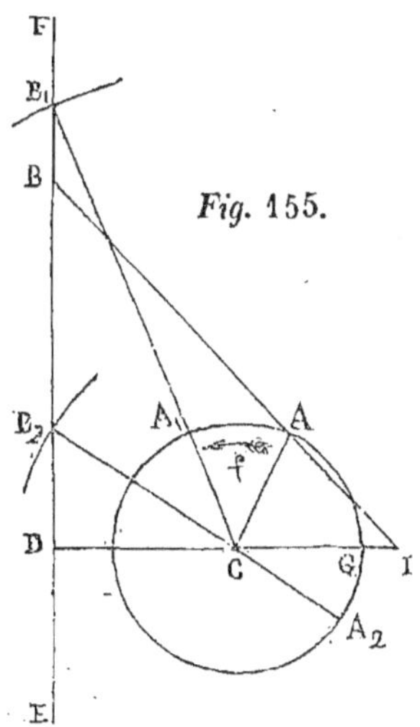

Fig. 155.

conductrice, et que le mouvement de rotation soit uniforme. Décrivons du point C comme centre (fig. 155) , avec un rayon égal à $l+r$, une circonférence qui rencontre en B_1 la droite EF ; décrivons du même point C comme centre, avec un rayon égal à $l-r$, une circonférence qui rencontre la droite EF en un point B_2 situé avec le point B_1 du même côté du point D. Soit A_1

le point où la droite CB_1 rencontre *circ.r*, entre les points C et B_1 ; A_2 le point de rencontre de *circ. r* avec la droite CB_2 prolongée au-delà du point C. On aperçoit que A_1B_1 et A_2B_2 sont deux positions particulières de la bielle AB, dont l'extrémité B reste, d'ailleurs, toujours située entre les deux points B_1 et B_2.

Si A tourne autour de C, dans le sens f, en allant de A_2 en A_1, B glisse contre EF, en allant de B_2 en B_1. A continuant à tourner autour de C, dans le sens de f, le mouvement rectiligne de B change de sens; et B va de B_1 en B_2, tandis que A va de A_1 en A_2. Puis, un nouveau tour de manivelle détermine un nouveau va-et-vient du point B, et ainsi de suite. D'ailleurs, le segment CI se réduisant à zéro pour les positions A_1B_1 et A_2B_2 de la bielle AB, on en conclut (n°. 340) que la vitesse v du point B s'annule, dans les positions extrêmes B_1 et B_2, avant de changer de sens.

343. Supposons maintenant que, rien n'étant changé d'ailleurs, l'extrémité B soit conductrice. Alors le mouvement rectiligne alternatif du point B peut déterminer le mouvement continu de rotation du point A; mais il faut pour cela que la manivelle franchisse, en vertu de sa vitesse acquise, les points A_1 et A_2, qui sont des *points morts*.

344. Dans le cas où l'on a

$$l < d+r,$$

le mouvement circulaire ne peut être qu'alternatif; les positions limites du point A sur *circ. r* sont situées à la distance l de la droite EF; les points où se projettent sur la droite EF ces positions limites sont des points morts, toutes

Fig. 156.

les fois que l'extrémité A est conductrice ; et la bielle , en atteignant ces points morts, devient perpendiculaire à la direction EF.

Nous laissons au lecteur le soin de déterminer , dans les divers cas qui peuvent s'offrir, les limites de l'excursion du point B.

345. Dans les applications les plus ordinaires, le centre C de la rotation est situé sur la droite EF (fig. 156), et le mouvement de rotation est continu. Il en résulte que l'on a $l > r$, et que la longueur B_1B_2 est double du rayon de la manivelle. Si la bielle est liée à l'extrémité de la tige d'un piston qui se meut dans un corps de pompe , B_1B_2 représente la hauteur du corps de pompe, laquelle ainsi doit être double de r.

---

§ 2. TRANSMISSION DU MOUVEMENT AU MOYEN D'UN BALANCIER ET DE DEUX BIELLES.

(MOUVEMENT CIRCULAIRE CONTINU ; MOUVEMENT RECTILIGNE ALTERNATIF.)

346. Dans un même plan vertical (fig. 157), que nous supposerons confondu avec celui de la figure, un balancier DE peut osciller autour du point O , milieu de sa longueur ; une manivelle CA , plus courte que OD , peut tourner autour du point C ; l'extrémité B de la tige d'un piston peut se mouvoir sur la droite verticale MN. Le ba-

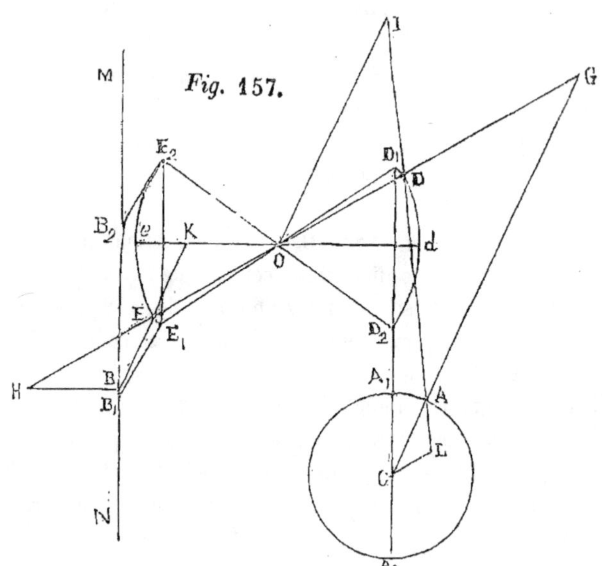

lancier DE est relié à la manivelle CA par la bielle AD, et au piston B par la bielle EB ; de telle sorte qu'un mouvement continu de rotation de la manivelle détermine un mouvement rectiligne alternatif du point B, et réciproquement, le mouvement circulaire alternatif du balancier servant d'intermédiaire.

347. Afin que le mouvement circulaire continu du point A détermine le mouvement circulaire alternatif du

point D , on a placé le centre O en dehors de la circonférence que le point A décrit autour du centre C , et l'on a
donné à la bielle AD une longueur intermédiaire entre les
deux *segments moyens* de la ligne des centres (n°. 237) ;
puis, pour que la liaison entre les points E et B soit compa-
tible avec le déplacement du point E parcourant l'arc E_1E_2
opposé de l'arc D_1D_2 que le point D parcourt pendant une
révolution complète du point A , on a pris la bielle EB plus
grande que la distance à MN du point le plus éloigné de MN
sur l'arc E_1E_2.

348. Ces conditions étant remplies , supposons que la
manivelle soit conductrice (comme dans le cas où elle ferait
marcher le piston d'une pompe aspirante). On sait déjà
que , pour le balancier ; il n'existe pas de points morts. Il
n'en existe pas non plus pour le point B mobile sur la
droite MN , puisque la bielle EB , vu sa longueur , n'est ,
dans aucune de ses positions , perpendiculaire à MN. Le
mouvement du point B se trouve donc complètement déterminé.

349. Si, au contraire, le piston est conducteur (comme
il arrive pour les machines où la vapeur , introduite dans
un corps de pompe, est employée à produire un mouvement
de rotation), l'extrémité E du balancier passe par un point
mort quand la bielle EB vient s'appliquer sur EO, ou quand
elle se place sur le prolongement de OE. Or , nous supposerons la bielle EB assez longue et l'arc E_1E_2 assez voisin
de la droite MN pour que cette circonstance ne se présente
jamais , c'est-à-dire pour qu'il n'y ait jamais indétermination dans le mouvement du balancier. Le mouvement

alternatif du piston déterminera donc, par l'intermédiaire du balancier, la rotation continue de la manivelle : à la condition toutefois que celle-ci franchisse, en vertu de sa vitesse acquise, les deux points morts A_1 et A_2, dont nous avons précédemment appris à trouver la position.

350. Si l'on veut que le balancier exécute des oscillations de même amplitude au-dessus et au-dessous de l'horizontale ed du point O, on inscrit, dans la circonférence que décrit le point D, la corde verticale D_1D_2 dont la longueur est double du rayon de la manivelle ; et l'on place le centre C de rotation de la manivelle sur le prolongement de la corde D_1D_2, à une distance de l'horizontale ed, égale à la longueur de la bielle. Les extrémités de cette corde donnent les limites de l'excursion du point D, et les points morts A_1 et A_2 de la manivelle sont situés aux extrémités du diamètre vertical de la circonférence C.

On peut remarquer, en même temps, que le point E, dans ses deux positions extrêmes E_1 et E_2, est situé à la même distance de la verticale MN : en sorte que les positions extrêmes E_1B_1 et E_2B_2 de la bielle EB sont parallèles entre elles, et que le segment B_1B_2 de la droite MN est égal à la corde E_1E_2 ou à son égale D_1D_2. Par suite, la hauteur du corps de pompe dans lequel se meut le piston doit être double du rayon de la manivelle.

351. Proposons-nous de déterminer géométriquement le rapport des vitesses linéaires des deux points A et B.

Le point G d'intersection des droites CA et OD est le centre instantané de rotation de la bielle AD ; et l'on a

$$\frac{\text{vit. de A}}{\text{vit. de D}} = \frac{GA}{GD}.$$

Le point H d'intersection de la droite OE avec la perpen diculaire à MN menée par le point B, est le centre instantané de rotation de la bielle EB; et l'on a

$$\frac{\text{vit. de B}}{\text{vit. de E}} = \frac{HB}{HE}.$$

Or, les deux points D et E, situés sur le balancier à la même distance du point O, ont la même vitesse. On a donc

$$\frac{\text{vit. de B}}{\text{vit. de E}} : \frac{\text{vit. de A}}{\text{vit. de D}} = \frac{\text{vit. de B}}{\text{vit. de A}},$$

et, par conséquent,

$$\frac{\text{vit. de B}}{\text{vit. de A}} = \frac{HB}{HE} : \frac{GA}{GD}.$$

Menons par le point O une parallèle à CA, et déterminons le point I où cette parallèle rencontre la bielle AD. Nous formons ainsi un triangle ODI semblable au triangle GDA, et nous avons la proportion

$$\frac{OI}{OD} = \frac{GA}{GD}.$$

Déterminons le point K où la bielle EB rencontre *ed*; nous formons de même un triangle OKE semblable au triangle HBE, et nous avons cette autre proportion

$$\frac{OK}{OE} = \frac{HB}{HE}.$$

Il résulte de là que le rapport $\dfrac{HB}{HE} : \dfrac{GA}{GD}$ est égal au rapport $\dfrac{OK}{OE} : \dfrac{OI}{OD}$, ou simplement à $\dfrac{OK}{OI}$, puisque OE est égal à OD.

Ou a donc, enfin, la formule

$$\frac{\text{vit. de B}}{\text{vit. de A}} = \frac{OK}{OI} .$$

352. Considérons le cas particulier où, l'arc E_1E_2 étant une petite fraction de la circonférence à laquelle il appartient, la droite MN va passer très-près du milieu de cet arc. La bielle EB, supposée suffisamment grande, conserve alors, dans toutes ses positions, une direction à peu près verticale : en sorte que la vitesse du point B ne diffère pas notablement de celle du point E. Soit v la vitesse linéaire du point B, a la vitesse angulaire du point A. La vitesse linéaire du point D, égale à celle du point E, diffère très-peu de v ; celle du point A est égale à $a \times CA$. On a donc, approximativement,

$$\frac{v}{a.\,CA} = \frac{GD}{GA} .$$

Menons, par le point C, une parallèle à OD, qui rencontre en L la bielle AD. Les deux triangles semblables ADG et ALC donnent la proportion

$$\frac{GD}{GA} = \frac{CL}{CA} .$$

On peut donc écrire

$$\frac{v}{a.\,CA} = \frac{CL}{CA} ,$$

ou

$$\frac{v}{a} = \mathrm{CL}.$$

Cette égalité donne une expression simple de la valeur approchée du rapport des vitesses.

---

§ 3. PRINCIPE DE M. SARRUT.

353. On a, dans les deux paragraphes précédents, admis que le point B, qui transmet le mouvement ou le reçoit, est assujetti à glisser contre une droite donnée. C'est ce qui arrive pour l'extrémité B (fig. 158) d'une tige rigide BF, liée d'une manière invariable à un piston P qui glisse verticalement dans un corps de pompe. Toutefois, on peut remarquer que l'action oblique exercée par la bielle tend à écarter de la verticale cette extrémité B, et, par suite, à déformer la tige. On convient alors de regarder les liaisons comme insuffisantes; et l'on y ajoute celles qui achèveraient de déterminer le mouvement du point B, si la tige BF, au lieu d'être constituée par une seule et même barre rigide, présentait une articulation quelque part, en R par exemple.

Fig. 158.

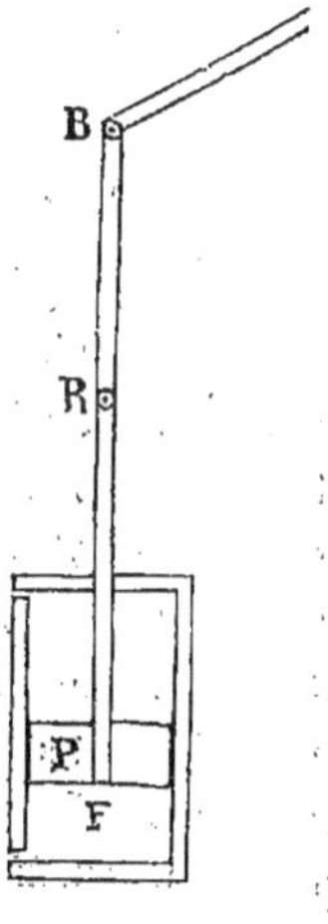

354. Le principe suivant, établi par M. Sarrut, résout d'une manière complète, au point de vue de la théorie, le problême qui consiste à guider, dans son mouvement rectiligne, l'extrémité de la tige d'un piston relié à une manivelle.

Imaginons (fig. 159) une chaîne formée de cinq corps

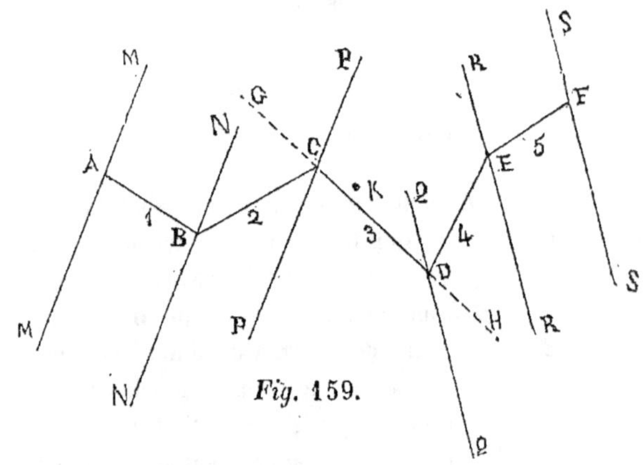

Fig. 159.

solides ou chaînons, réunis deux à deux par des articulations. Le premier chaînon peut tourner autour d'un axe fixe MM; le premier et le second ont un axe commun d'articulation, NN, parallèle à MM; le second et le troisième ont un axe commun d'articulation, PP, aussi parallèle à MM. Le cinquième chaînon peut tourner autour d'un axe fixe, SS, non parallèle à MM; le quatrième et le cinquième ont un axe commun d'articulation, RR, parallèle à SS; le troisième et le quatrième ont un axe commun d'articulation, QQ, aussi parallèle à SS. Soit CD la plus courte distance des axes PP et QQ; abaissons, du point C sur NN, la perpendiculaire CB; du point B sur MM, la perpendiculaire BA; du point D sur RR, la perpendiculaire DE; du point E sur SS, la perpendiculaire EF. Les droites AB, BC, CD,

DE, EF pourront représenter les chaînons successifs, le premier et le dernier étant assimilables à des manivelles, et les intermédiaires à des bielles.

355. Considérons le système dans l'une quelconque des positions qu'il peut prendre. Les droites AB, BC et CD, toutes trois perpendiculaires à MM, sont situées dans un même plan perpendiculaire à MM et passant par le point A. Les droites EF, DE et CD, toutes trois perpendiculaires à SS, sont situées dans un même plan perpendiculaire à SS et passant par le point F. La droite CD est donc située à l'intersection GH de ces deux plans.

356. Si l'on fait tourner le premier chaînon autour de l'axe MM, il déplace le second; le troisième glisse suivant l'intersection GH; et l'on obtient le rapport de la translation à la rotation, en effectuant, dans le plan AGH, les constructions indiquées au n°. 340. En même temps, le glissement du troisième chaînon suivant sa longueur détermine le déplacement du quatrième; le cinquième tourne autour de l'axe SS; et l'on obtient le rapport de la translation à la rotation, en effectuant, dans le plan FGH, les mêmes constructions du n°. 340.

Ainsi la rotation du premier chaînon détermine la translation du troisième, et par suite la rotation du cinquième.

357. On verrait également que la rotation du cinquième détermine la translation du troisième, et par suite la rotation du premier; et, de même encore, on verrait que, si l'on fait prendre au troisième le seul mouvement dont il soit susceptible, à savoir un mouvement de translation suivant sa longueur, les chaînons extrêmes tournent autour des axes fixes qui leur correspondent.

Dans le système ainsi formé les liaisons sont complètes; et il suffit, pour comparer à chaque instant les vitesses des chaînons 1, 3 et 5, de connaître les longueurs des cinq chaînons, et, dans les plans AGH et FGH, les positions respectives des centres de rotation A et F, par rapport à la droite GH.

358. Faisons tourner les deux plans AGH et FGH, avec tout ce qu'ils renferment, autour de leur intersection GH, de manière à les amener dans un seul et même plan (fig. 160). Si l'on appelle a la vitesse angulaire du premier

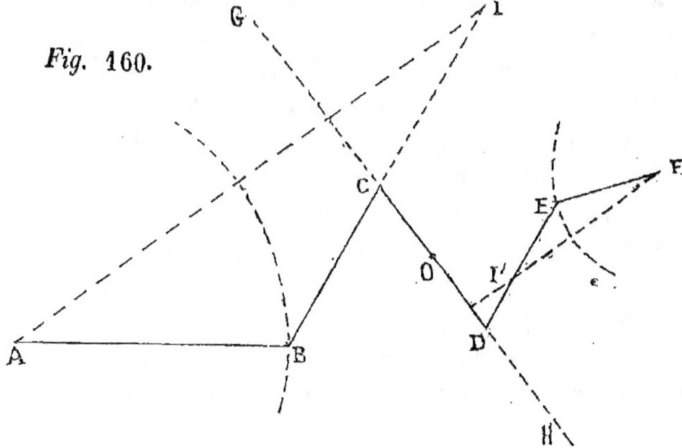

Fig. 160.

chaînon, a' celle du cinquième, v la vitesse linéaire du troisième; si l'on détermine, d'une part, le point I d'intersection de la bielle BC avec la perpendiculaire abaissée du point A sur GH, de l'autre, le point I' d'intersection de la bielle ED avec la perpendiculaire abaissée du point F sur GH; on aura, d'après ce qui a été vu au n°. 340, d'abord,

$$\frac{v}{a} = AI ;$$

ensuite,

$$\frac{v}{a'} = FI' ;$$

puis, en divisant ces deux égalités membre à membre, et en simplifiant,

$$\frac{a'}{a} = \frac{AI}{FI'} \, .$$

On saura donc comparer entre elles les vitesses a, a' et v des trois mouvements considérés.

359. Pour déterminer les limites de l'excursion du chaînon CD, on imaginera ce chaînon coupé en son milieu O, de manière à décomposer le système en deux autres systèmes distincts, dans lesquels les liaisons seront encore complètes si l'on suppose que les deux demi-chaînons, rendus indépendants l'un de l'autre, soient néanmoins assujettis à glisser le long de GH; on déterminera le segment de GH que peut décrire le point O considéré comme appartenant au premier système; on déterminera le segment de GH que peut décrire le point O considéré comme appartenant au second système; et la partie commune à ces deux segments représentera le chemin que peut effectivement décrire, sur GH, le milieu du chaînon CD, lorsque les deux systèmes n'en forment qu'un seul.

360. Nous n'avons jusqu'à présent considéré, dans le troisième chaînon, que le déplacement de la plus courte

distance CD (fig. 159) des deux axes PP et QQ. Considérons maintenant un point K quelconque de ce chaînon.
Pendant le mouvement du système, le point K, par suite
de sa liaison avec l'axe PP, reste toujours à la même distance du plan AGH, et se meut, par conséquent, dans un
plan parallèle au plan AGH. D'une autre part, sa liaison avec
l'axe QQ le maintient toujours à la même distance du plan
FGH, c'est-à-dire dans un plan parallèle au plan FGH. Ce
point K reste donc toujours situé à l'intersection de deux
plans respectivement parallèles aux plans AGH et FGH,
c'est-à-dire qu'il glisse parallèlement à la droite GH.

Ainsi, tous les points du troisième chaînon glissant
parallèlement à la droite GH, on voit que le déplacement
de ce chaînon consiste dans un mouvement de translation
suivant une direction perpendiculaire à la fois aux deux
axes fixes MM et SS.

361. On conçoit maintenant que, si l'on fixe au troisième chaînon, d'une manière invariable, l'extrémité de
la tige d'un piston, ou si l'on prend cette tige elle-même
pour former le troisième chaînon, on assurera, par cela
même, le mouvement rectiligne du piston. Ce mouvement rectiligne déterminera le mouvement de rotation de
la manivelle AB; et réciproquement, le mouvement de
rotation de la manivelle AB déterminera le mouvement rectiligne du piston. La bielle BC transmettra le mouvement;
et le système auxiliaire de la bielle DE et de la manivelle
EF n'aura d'autre objet que de guider le mouvement rectiligne du point C, pendant que l'axe fixe MM guide le
mouvement circulaire du point B.

§ 4. PARALLÉLOGRAMME ARTICULÉ.

362. Reprenons le cas d'un piston mobile suivant la direction verticale MN (fig. 161), et relié, par l'un B de

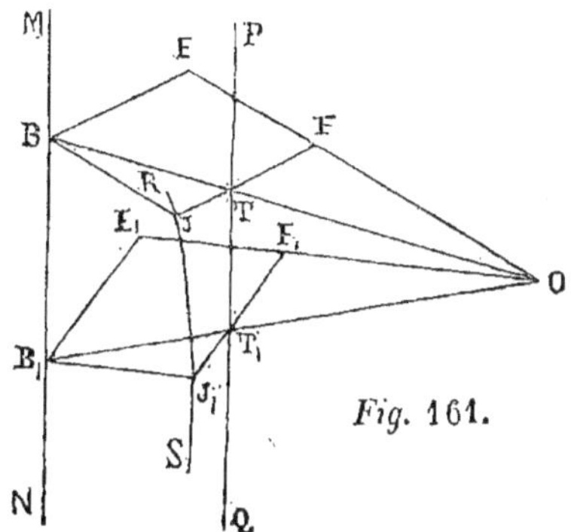

Fig. 161.

ses points, au moyen de la bielle EB, à l'extrémité E d'un balancier OE qui oscille autour du point O dans le plan OMN. Excluons tout emploi d'axes non parallèles, et cherchons au moyen de quelle disposition on peut, à la fois, transmettre le mouvement, et assujettir le point B à rester situé sur la droite MN, abstraction faite de sa liaison avec le piston.

I. Solution générale.

363. Imaginons, dans le plan OMN, une seconde bielle FJ, de longueur égale à la première, et articulée sur le balancier en un certain point F. Relions, au moyen d'articulations, les extrémités B et J des deux bielles aux

18

extrémités d'une barre rigide BJ , de longueur égale à EF. Nous formons ainsi un *parallélogramme articulé* BEFJ , à angle variable , qui participe au mouvement du balancier.

Si ce balancier tourne autour du point O, et si l'on conçoit que le sommet B du parallélogramme ne quitte point la droite MN, l'angle E augmente ou diminue, et le sommet J décrit, dans le plan OMN , une certaine courbe RS. Réciproquement, si le balancier tourne autour du point O et si le sommet J reste situé sur RS, l'angle E varie et le sommet B décrit la droite MN.

364. Cela posé , rattachons l'extrémité B de la tige du piston au sommet B du parallélogramme au moyen d'une articulation, faisons mouvoir le balancier, et assujettissons le sommet J à rester situé sur la courbe RS; l'extrémité de la tige du piston ne pourra se mouvoir alors que suivant la droite MN, et son mouvement rectiligne se trouvera par cela même assuré.

365. Pour assujettir le sommet J à se mouvoir le long de l'arc RS, on pourrait adapter au parallélogramme, en ce point J, une cheville cylindrique, perpendiculaire au plan OMN , et qui s'engagerait dans une rainure fixe pratiquée suivant la ligne RS. C'est là, d'ailleurs, un procédé dont nous n'examinons pas la valeur au point de vue de la pratique.

366. Quoi qu'il en soit, la disposition précédente une fois réalisée d'une manière quelconque, et le sommet J parcourant l'arc RS, considérons le parallélogramme dans deux positions distinctes BEFJ et $B_1E_1F_1J_1$. Menons les droites OB et OB_1, qui rencontrent respectivement les droites FJ ét F_1J_1 aux points T et T_1. Les deux triangles semblables OFT et OEB donnent

$$\frac{FT}{EB} = \frac{OF}{OE}.$$

Les deux triangles semblables OF_1T_1 et OE_1B_1 donnent de même

$$\frac{F_1T_1}{E_1B_1} = \frac{OF_1}{OE_1}.$$

De ces deux égalités, où les longueurs OF, OE et EB sont respectivement égales aux longueurs OF_1, OE_1 et E_1B_1, il résulte que l'on a

$$FT = F_1T_1 :$$

c'est-à-dire que le point T_1 de F_1J_1 est la position que prend le point T de FJ quand le balancier passe de la position OE à la position OE_1.

Remarquons ensuite que les mêmes triangles considérés précédemment fournissent les égalités

$$\frac{OT}{OB} = \frac{OF}{OE} \quad \text{et} \quad \frac{OT_1}{OB_1} = \frac{OF_1}{OE_1},$$

qui conduisent à la proportion

$$\frac{OT}{OB} = \frac{OT_1}{OB_1},$$

et expriment par là que les points T et T_1 sont situés sur une même droite PQ parallèle à MN.

Il existe donc un certain point T de la bielle FJ, qui se meut suivant une droite verticale en même temps que le sommet B lui-même; et l'on peut, par conséquent, prendre ce point T pour point d'attache d'un autre piston, auquel le mouvement circulaire du balancier communique, comme au point B, un mouvement rectiligne.

II. Cas particulier d'une amplitude peu étendue des oscillations du balancier.

367. Si l'amplitude des oscillations du balancier est peu considérable, l'arc RS lui-même est assez petit pour qu'on puisse l'assimiler à un arc de cercle. Il s'obtient alors,

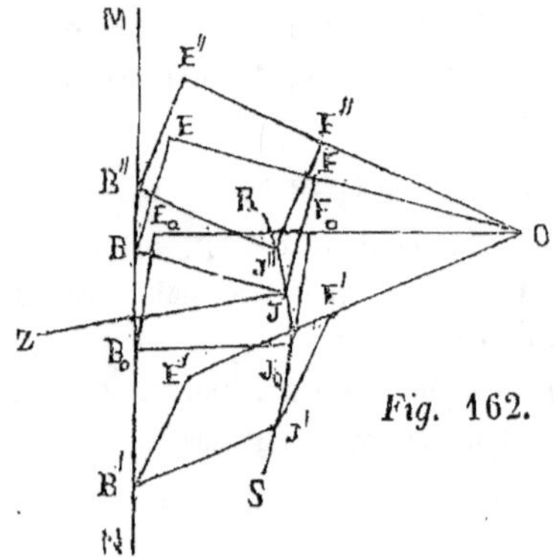

Fig. 162.

approximativement, en considérant le point J (fig. 162) dans sa position moyenne J_0 et dans ses positions extrêmes J' et J''; en déterminant le centre Z et le rayon r de la circonférence qui passe par les trois points J_0, J' et J''; et en traçant l'arc de cette circonférence compris entre les points J' et J''.

Mais il importe moins de tracer la courbe que de guider le mouvement du point J, et, par suite, le mouvement du parallélogramme lui-même. Or, d'après ce qu'on vient de voir, on est assuré d'y parvenir d'une manière approchée, sinon rigoureuse, en disposant, autour du point z pris pour centre de rotation, un second balancier zj de longueur égale à r, et en reliant au sommet j son extrémité libre, au moyen d'une articulation.

Nous désignerons ce second balancier sous le nom de *contre-balancier*.

On peut, comme on va le voir, déterminer directement, en suivant une autre marche, le centre et le rayon du contre-balancier.

368. *Recherche du point de la bielle* fj*, dont le déplacement peut être regardé comme vertical.* — Considérons le système ofjz (fig. 163), formé du balancier of, du contre-balancier zj et de la bielle fj. Soit of_0j_0z sa position initiale, dans laquelle les balanciers sont supposés horizontaux. Démontrons que, si tous deux, dans leur mouvement oscillatoire, s'écartent peu de leurs positions initiales, il existe sur la bielle fj un point t dont la trajectoire est, très-approximativement, rectiligne et verticale.

369. Remarquons d'abord que, le balancier et le contre-balancier partant des positions of_0 et zj_0, leurs extrémités f et j ont des vitesses parallèles, comme toutes deux verticales. Ces vitesses ont donc même intensité, d'après la remarque faite au n°. 246.

Les positions initiales une fois quittées, les vitesses deviennent différentes, parce qu'elles ne sont plus parallèles; mais, vu le peu d'amplitude des oscillations, ces vitesses restent toujours à peu près verticales, et, par conséquent, à peu près parallèles; leurs intensités sont donc aussi toujours à peu près égales. Or, l'égalité des vitesses entraîne l'égalité des chemins, qu'il s'agisse d'une égalité rigoureuse ou d'une égalité seulement approchée. Les chemins parcourus par les points F et J sont donc à peu près les mêmes à chaque instant : en sorte que, pour toute position de la bielle, le rapport $\dfrac{arc\ FF_0}{arc\ JJ_0}$ est peu différent de l'unité. C'est là un premier point qu'il s'agissait d'établir.

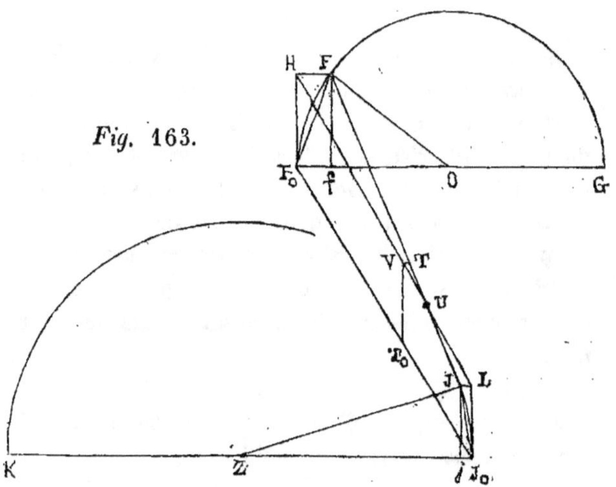

Fig. 163.

370. Soit maintenant F_0G le diamètre horizontal de la circonférence de centre O et de rayon OF ; abaissons du point F, sur ce diamètre, la perpendiculaire Ff ; et, du même point, sur la tangente en F_0, la perpendiculaire FH. Soit de même J_0K le diamètre horizontal de la circonférence de centre Z et de rayon ZJ ; abaissons du point J, sur ce diamètre, la perpendiculaire Jj ; et, du même point, sur la tangente en J_0, la perpendiculaire JL. Menons la droite HL, qui rencontre au point U la droite FJ.

Les deux triangles semblables UFH et UJL donnent la proportion

$$\frac{UF}{UJ} = \frac{FH}{JL} \,,$$

d'où l'on déduit la formule

$$\frac{UF}{UJ} = \frac{F_0 f}{J_0 j} \,.$$

371. Or, on sait que, dans une circonférence, toute corde est moyenne proportionnelle entre le diamètre qui passe par l'une de ses extrémités et la projection de la corde sur le diamètre ; ce qui revient encore à dire que la projection est troisième proportionnelle au diamètre et à la corde. On a donc, d'une part,

$$F_0 f = \frac{(\, corde \,\ FF_0\,)^2}{F_0 G} \,,$$

de l'autre,

$$J_0 j = \frac{(\, corde \,\ JJ_0\,)^2}{J_0 K} \,;$$

d'où résulte l'égalité

$$\frac{F_0 F}{J_0 j} = \frac{(\, corde \,\ FF_0\,)^2}{F_0 G} \,:\, \frac{(\, corde \,\ JJ_0\,)^2}{J_0 K} \,,$$

qui peut s'écrire

$$\frac{F_0 f}{J_0 j} = \left(\frac{corde \,\ FF_0}{corde \,\ JJ_0} \right)^2 \times \frac{J_0 K}{F_0 G} \,.$$

372. On peut dès-lors substituer à la formule du

n°. 370, la suivante :

$$\frac{UF}{UJ} = \left(\frac{corde\ FF_0}{corde\ JJ_0} \right)^2 \times \frac{J_0 K}{F_0 G}\ .$$

Mais on a supposé les arcs FF_0 et JJ_0 peu considérables, et, dans ce cas, on a vu (n°. 369) que le rapport $\dfrac{arc\ FF_0}{arc\ JJ_0}$ diffère peu de l'unité. Il en est donc de même du rapport $\dfrac{corde\ FF_0}{corde\ JJ_0}$; d'où l'on conclut que $\dfrac{UF}{UJ}$ est peu différent de $\dfrac{J_0 K}{F_0 G}$.

On peut écrire ce résultat comme il suit :

$$\frac{UF}{UJ}\ \textit{peu différent de}\ \frac{r}{b}\ ,$$

en représentant, póur abréger, par b le rayon du balancier et par r celui du contre-balancier.

Conséquemment, si l'on divise la bielle FJ, au point T, en deux parties, TF et TJ, inversement proportionnelles aux rayons b et r, c'est-à-dire de manière à satisfaire à la condition

$$\frac{TF}{TJ}\ \textit{égal à}\ \frac{r}{b}\ ,$$

on est assuré que le point T est dans le voisinage du point U.

373. Menons l'horizontale du point T, qui rencontre la droite HL en V ; puis, la verticale du point V, qui rencontre en T_0 la droite $F_0 J_0$. Les parallèles FH, TV et JL, coupant les droites FJ et HL, donnent la proportion

$$\frac{TF}{TJ} = \frac{VH}{VL} \, .$$

Les parallèles F_0H, T_0V et J_0L, coupant les droites HL et F_0J_0, donnent la proportion

$$\frac{T_0F_0}{T_0J_0} = \frac{VH}{VL} \, .$$

Rapprochant ces deux proportions, on en déduit la proportion nouvelle

$$\frac{T_0F_0}{T_0J_0} = \frac{TF}{TJ} \, ,$$

qui montre que le point T_0 de F_0J_0 est la position initiale du point T de FJ.

374. Le point T de la bielle FJ, en tant que distinct du point U, ne se meut donc pas suivant une droite verticale, puisqu'il est, à chaque instant, situé en dehors de la verticale passant par la position initiale T_0. Calculons la distance TV qui l'en sépare.

Les triangles semblables UTV, UFH et UJL donnent la suite de rapports égaux

$$\frac{TV}{UT} = \frac{FH}{UF} = \frac{JL}{UJ} \, .$$

On en tire

$$\frac{TV}{UT} = \frac{FH + JL}{UF + UJ} \, ,$$

puis

$$TV = (F_0f + J_0j) \times \frac{UT}{FJ} \, ,$$

où $(F_0 f + J_0 j)$ et UT varient d'une position à l'autre, tandis que FJ reste le même.

Mais on a remarqué (n°. 372) que, par suite du peu d'amplitude des oscillations, la distance UT est petite. D'une autre part, vu la petitesse des cordes FF_0 et JJ_0, les droites $F_0 f$ et $J_0 j$, respectivement proportionnelles aux carrés de ces cordes (n°. 371), donnent une somme très-petite. Le produit de cette somme par le rapport $\dfrac{UT}{FJ}$ est donc plus petit encore : c'est-à-dire que la distance TV du point T à la verticale du point T_0 est excessivement petite.

Nous admettrons à cause de cela, et comme une approximation suffisante dans la pratique, que le point T se déplace en restant toujours situé sur la verticale du point T_0.

375 *Du mouvement rectiligne du sommet* B. — La bielle FJ (fig. 164) étant divisée en deux parties inversement proportionnelles aux rayons des balanciers, en un point T qui se meut sur la verticale PQ, menons la droite OT et prolongeons-la jusqu'à sa rencontre en B avec la parallèle à OF menée par le point J. Les deux triangles semblables TBJ et TOF donnent

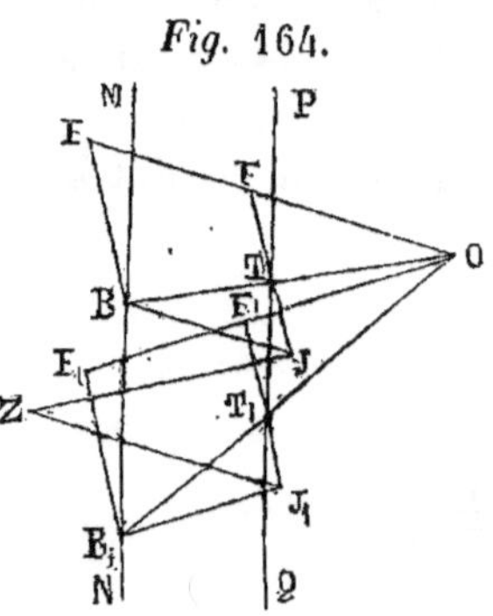

$$\frac{BJ}{OF} = \frac{TJ}{TF},$$

ou (n°. 372)

$$\frac{BJ}{OF} = \frac{b}{r} \, .$$

Cette dernière égalité, où OF est égal à b, donne la formule

$$BJ = \frac{b^2}{r} \, ,$$

laquelle montre que la longueur BJ est invariable.

Ainsi, quelque position que l'on donne au système OFJZ, la droite OT prolongée va toujours rencontrer en un même point B la parallèle à OF menée par le point J. Si donc on prolonge OF d'une longueur FE égale à JB, et si l'on joint BE, on peut, dans les positions successives que vient prendre la bielle FJ, considérer la figure BEFJ comme représentant les positions successives d'un même parallélogramme articulé, à angle variable, qui participe au mouvement du système, auquel il est lié d'une manière complète.

376. Supposons donc que l'on ait disposé, contre la bielle FJ et contre le prolongement du balancier OF, ce parallélogramme articulé BEFJ ; et proposons-nous de déterminer, pendant le mouvement, le lieu géométrique de son sommet B. Considérons, à cet effet, le système dans une autre position, pour laquelle la bielle occupe la position F_1J_1.

Des deux proportions

$$\frac{OT}{OB} = \frac{OF}{OE} \, , \qquad \frac{OT_1}{OB_1} = \frac{OF_1}{OE_1} \, ,$$

qui donnent

$$\frac{OT}{OB} = \frac{OT_1}{OB_1} \, ,$$

on déduit aisément le parallélisme des droites BB_1 et

TT_1; et l'on en conclut que le point B se meut suivant une droite verticale MN.

377. Si donc on relie au système les tiges de deux pistons mobiles suivant la verticale, en articulant leurs extrémités respectives sur les points B et T du parallélogramme, le mouvement oscillatoire du balancier déterminera simultanément le mouvement oscillatoire du contre-balancier et le mouvement rectiligne alternatif de chacun des pistons; et réciproquement, le mouvement rectiligne alternatif de l'un des pistons déterminera le mouvement rectiligne alternatif de l'autre piston et les mouvements oscillatoires des deux balanciers.

378. *Du centre et du rayon du contre-balancier.* — Désignant par c la longueur EF, égale de BJ, on déduit de la formule du n°. 375 la relation

$$c \times r = b^2,$$

qui exprime que le premier segment b du balancier est moyen proportionnel entre le segment extrême c et le rayon r du contre-balancier.

379. Si le balancier et le parallélogramme articulé sont donnés, on connaît b et c; on peut donc calculer le rayon r au moyen de la formule du numéro précédent, laquelle donne

$$r = \frac{b^2}{c}.$$

On obtient ensuite le centre Z en amenant le balancier

dans sa position horizontale OE (fig. 165), et en prenant sur la direction du côté JB, à partir du point J, la longueur JZ égale à r.

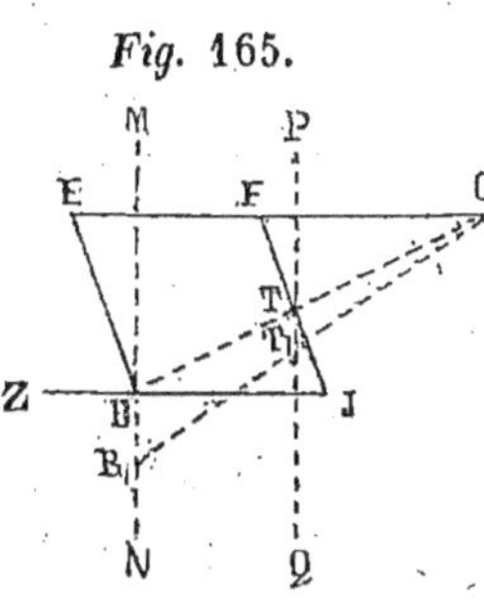

Fig. 165.

380. Il est bon de noter que, si le point F est le milieu de OE, b est égal à c, et, par suite, r aussi égal à c; d'où il résulte que JZ est égal à JB, ou que le centre Z du contre-balancier est situé sur MN et répond à la position initiale du sommet B, tout en étant distinct de ce sommet B.

381. *Des vitesses relatives.* — Soit demandé maintenant de comparer les vitesses, en les regardant d'ailleurs comme invariables, vu le peu d'étendue de l'excursion des balanciers. Pour cela, il suffit évidemment de considérer le système dans sa position moyenne, où les balanciers sont horizontaux.

On a déjà vu (n°. 369) que, pour cette position moyenne (fig. 165), les vitesses linéaires des extrémités F et J sont égales. Or,

vit. linéaire de F $=$ (*vit. angulaire de* F) $\times b$,
vit. linéaire de J $=$ (*vit. angulaire de* J) $\times r$.

On en déduit

(*vit. ang. de* F) $\times b =$ (*vit. ang. de* J) $\times r$,

ou

$$\frac{vit.\ ang.\ de\ \text{F}}{vit.\ ang.\ de\ \text{J}} = \frac{r}{b} ,$$

ou encore

$$\frac{vit.\ ang.\ du\ balancier}{vit.\ ang.\ du\ contre\text{-}bal.} = \frac{b}{c},$$

puisque le rapport de r à b est égal à celui de b à c.

382. Les extrémités E et B de la bielle EB quittant leurs positions initiales, le point E décrit un élément perpendiculaire à OE, et par conséquent parallèle à MN; le point B se meut sur la droite MN elle-même; les vitesses des points E et B sont donc parallèles, ce qui entraîne leur égalité, comme on en a fait la remarque au n°. 246. Mais

$$vit.\ lin.\ de\ \text{E} = (vit.\ ang.\ de\ \text{E}) \times (b+c);$$

donc aussi

$$vit.\ lin.\ de\ \text{B} = (vit.\ ang.\ de\ \text{E}) \times (b+c),$$

ou

$$\frac{vit.\ lin.\ du\ piston\ \text{B}}{vit.\ ang.\ du\ balancier} = b+c.$$

383. Enfin, si l'on veut comparer les vitesses linéaires des points T et B, on remarquera qu'elles sont proportionnelles aux chemins élémentaires simultanés TT_1 et BB_1 de ces deux points, et, par suite, aux longueurs OT et OB. Or, le rapport de OT à OB est égal à celui de OF à OE. On trouvera donc

$$\frac{vit.\ lin.\ du\ piston\ \text{T}}{vit.\ lin.\ du\ piston\ \text{B}} = \frac{b}{b+c}.$$

CHAPITRE III.

TRANSMISSION DU MOUVEMENT AU MOYEN D'INTERMÉDIAIRES FLEXIBLES.

(TRANSFORMATION ENTRE MOUVEMENTS CONTINUS.)

---

§ 1ᵉʳ. CAS D'UN FIL ENROULÉ SUR UN CYLINDRE MOBILE.

384. Un cylindre, que nous réduirons à sa section droite GMK (fig. 166), est mobile autour d'un axe A qui lui est parallèle. Un fil est enroulé sur ce cylindre dans le plan de la section, et, après un nombre indéfini de tours, il s'en sépare tangentiellement au point M, pour former un brin rectiligne et vertical MZ, qui supporte en son extrémité Z un point matériel pesant.

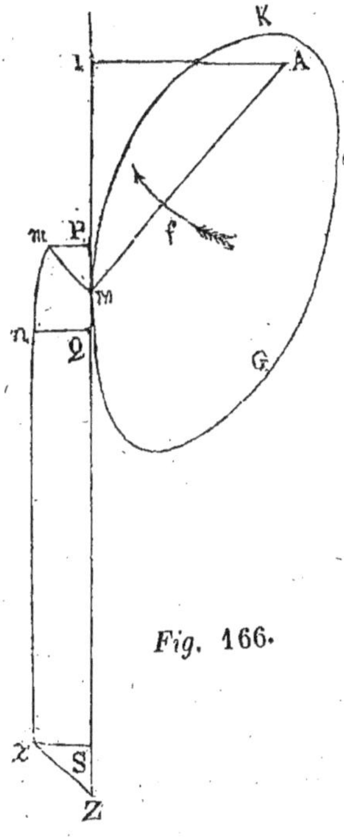

Le cylindre tourne autour de l'axe A, dans le sens de la flèche f; une partie du brin MZ s'enroule sur le cylindre; l'autre partie reste rectiligne et verticale ; le poids Z s'élève. On veut comparer, à chaque instant, la vitesse v d'ascension à la vitesse q de rotation.

Fig. 166.

385. On considère, pour cela, un déplacement infiniment petit du système. Soit Mm l'arc élémentaire de centre A que décrit le point M du cylindre; n le nouveau point de contact de MG et du fil après le déplacement; mn l'arc élémentaire de MG sur lequel s'applique le premier élément du brin MZ; nz la portion de ce brin restée rectiligne et verticale : z représente alors la nouvelle position du point Z.

Sur MZ projetons le point m en P, le point n en Q, le point z en S, et le point A en I. Le poids s'étant élevé dé la quantité ZS avec la vitesse linéaire v, le point M ayant décrit l'arc Mm avec la vitesse angulaire a, et par conséquent avec une vitesse linéaire égale à $a \times$ AM, on a évidemment l'égalité

$$\frac{v}{a.\,\text{AM}} = \frac{\text{ZS}}{\text{M}m}.$$

Or, la tangente à mn en n étant parallèle à MZ, l'arc mn est sensiblement égal à sa projection PQ; et, par suite, cet arc, augmenté de nz, ne diffère pas sensiblement de PS. D'une autre part, l'arc mn, augmenté de nz, est égal à MZ, puisque MZ et mnz représentent le même fil considéré avant et après le déplacement. On a donc MZ égal à PS; d'où ZS égal à MP; en sorte que l'on peut écrire encore

$$\frac{v}{a.\,\text{AM}} = \frac{\text{MP}}{\text{M}m}.$$

Si maintenant nous remarquons que, le triangle élémentaire MmP étant semblable au triangle AMI, le rapport de MP à Mm est égal à celui de AI à AM, nous pourrons poser l'égalité précédente sous la forme

$$\frac{v}{a.\,\mathrm{AM}} = \frac{\mathrm{AI}}{\mathrm{AM}},$$

et nous en déduirons, après simplification, la formule

$$\frac{v}{a} = \mathrm{AI}.$$

Ainsi, le rapport de la vitesse d'ascension à la vitesse de rotation a même expression numérique que la plus courte distance du brin MZ à l'axe A.

386. Il ne faut pas confondre la vitesse d'ascension v du point z avec sa vitesse linéaire effective v'. L'élément de chemin qui correspond à cette dernière vitesse v' est zz, et l'on a conséquemment

$$\frac{v'}{a.\,\mathrm{AD}} = \frac{\mathrm{Z}z}{\mathrm{M}m}.$$

Or, les deux éléments zz et Mm sont égaux, parce qu'ils représentent les hypoténuses des triangles rectangles élémentaires zzs et MmP, dans lesquels les côtés zS et MP, zS et mP sont égaux deux à deux. Le rapport $\dfrac{\mathrm{Z}z}{\mathrm{M}m}$ est donc égal à l'unité, et par suite la vitesse v' est égale au produit de la vitesse a par AM.

On peut exprimer cette propriété en écrivant la formule

$$\frac{v'}{a} = \mathrm{AM},$$

qui fait connaître à chaque instant le rapport de la vitesse v' à la vitesse a.

387. Si la section GMK est un cercle de centre A, v se confond avec v', et le rapport $\dfrac{v}{a}$ a une valeur constante égale au rayon du cercle. De cette remarque, on déduirait aisément les conditions relatives à la transmission du mouvement à l'aide du treuil ou du cabestan : mais nous allons traiter directement ce cas.

---

§ 2. TREUIL OU CABESTAN.

388. Un *arbre*, consistant dans un cylindre circulaire droit, peut tourner autour de son axe AA (fig. 167). Deux

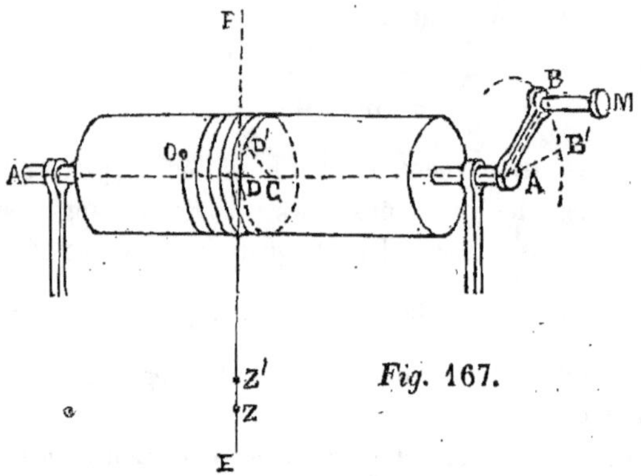

Fig. 167.

cylindres plus petits, portant le nom de *tourillons* et liés d'une manière invariable avec l'arbre, ont leurs axes situés sur le prolongement du premier. Ces tourillons traversent deux trous cylindriques appelés *coussinets*, de même diamètre que les tourillons, pratiqués dans deux montants fixes, et guidant le mouvement de l'arbre autour de son axe. A l'extrémité de l'un des tourillons, est disposée, au-delà du coussinet, une manivelle AB perpendiculaire à l'axe, tournant solidairement avec l'arbre, et munie d'une poignée BM parallèle à l'axe. Une corde, dont nous négligeons l'épaisseur, est fixée par l'une de ses extrémités en un point O de l'arbre, et enroulée sur son contour où elle affecte la forme d'une hélice ayant un pas assez petit pour que chaque tour de spire puisse être considéré comme à peu près confondu avec une section droite du cylindre. Cette corde quitte l'arbre tangentiellement en un certain point D, à partir duquel elle devient rectiligne et prend une direction FE perpendiculaire au plan de l'axe et du point D. Terminons-la au point Z de la droite FE, en supposant appliquée suivant ZE une force qui sollicite ce point Z.

389. On fait tourner la manivelle autour de l'axe ; elle entraîne dans son mouvement le cylindre ; une partie du brin DZ s'enroule ou se déroule sur la section droite répondant au point D ; l'autre partie reste tendue suivant la direction FE, et son extrémité Z se meut sur cette droite FE en parcourant un chemin rectiligne égal en longueur à l'arc de corde qui s'enroule ou se déroule. Ainsi, le mouvement de rotation de la manivelle détermine le mouvement rectiligne du point Z ; de même que ce dernier mouvement rectiligne, supposé toutefois de sens ZE, déterminerait le mouvement de rotation de la manivelle.

390. Soit r le rayon CD du cylindre, l la longueur AB de la manivelle. Soit ZZ' le chemin du point Z allant de E en F, BB' le chemin que parcourt en même temps le point

B. Le brin DZ se raccourcit. Une partie de ce brin, égale en longueur à ZZ', s'enroule sur le cylindre et y figure l'arc DD' de rayon r. L'angle au centre DCD' qui répond à cet arc, mesure, aussi bien que l'angle BAB' répondant à l'arc BB', le chemin angulaire parcouru par le système formé du cylindre et de la manivelle : en sorte que les arcs DD' et BB' sont entre eux comme les rayons r et l, ou que l'on a

$$\frac{DD'}{BB'} = \frac{r}{l}.$$

Or, ZZ' est égal à DD'; il en résulte donc la proportion

$$\frac{ZZ'}{BB'} = \frac{r}{l},$$

laquelle détermine la valeur constante du rapport des chemins parcourus simultanément par l'extrémité Z de la corde et par le point B de la manivelle.

FIN.